JN195498

基礎
動物遺伝
育種学

東條英昭・近江俊徳・古田洋樹 [著]

朝倉書店

はじめに

　1900 年に再発見されたメンデルの法則は，生物の遺伝現象を説明するための基本的な法則として大きな役割を果たした．その後，遺伝学は著しい進歩を遂げ，現在，生命科学において主要な法則を構成している．とくに，1970 年代に組換え DNA 技術を中心とするさまざまな遺伝子工学的技術が開発されたことにより，生命現象を DNA 分子や RNA 分子のレベルで解析することが可能となった．

　近年，遺伝子工学をはじめ細胞工学や発生工学などのバイオテクノロジーの進歩は目覚ましく，それらを駆使して作製された膨大な数の遺伝子改変動物が生命科学研究のモデルとして利用されている．また，家畜においてもバイオテクノロジーを利用した新しい家畜の開発研究が精力的に進められている．

　一方，1930 年代以降，メンデルの法則と数理統計的な手法とを連携させ，数学的理論によって生物集団の遺伝現象を解析する集団遺伝学（統計遺伝学）が体系化され，現在，生物進化や作物・動物育種の分野で不可欠な手法として応用されている．

　近年の分子遺伝学や集団遺伝学の目覚ましい進歩に伴い，動物遺伝育種学関係の専門書の内容はますます難解になっている．そのため，動物の遺伝育種学を初めて学ぶ者にとっては，専門化した成書を学習することは容易ではない．

　筆者は，これまで，医科薬科系大学で「実験動物学」，大学農学部で「応用遺伝学」，さらに動物看護系大学で「動物遺伝学」の講義を担当した．しかし，講義資料を作成するにあたり，常々感じていたのは，初学者にとって親しみやすくかつ解りやすい動物の遺伝育種学の成書の必要性であった．そのため，動物の遺伝育種学の基礎から応用までをわかりやすく学習できる本書の出版を決意するに至った．本書では，初学者にもできるかぎり理解しやすいように図表を多用し，また，内容をより理解しやすくするために，文中に既出の内容または後に詳述している内容を参照できるよう（○○参照）という表示を多用した．十分に活用して理解を深めていただきたい．

　なお，公益財団法人日本遺伝学会が 2017 年 9 月に遺伝学用語の改訂を提案している．本書では，改訂用語を用いることにした．

　本書が，動物遺伝育種学を通じて生命の神秘とその素晴らしいしくみに興味をもたらす一助となり，また，本書から動物遺伝育種学の将来の方向性を読み取っていただければ幸いである．

　最後に，本書の出版の趣旨に賛同いただいた朝倉書店に厚くお礼を申し上げます．

　2024 年 7 月

東條英昭（執筆責任者）

目　　次

第1章　遺伝のしくみ ……………………………………………………………………… 1
　1.1　メンデルと遺伝の法則 …………………… 1
　　1.1.1　顕性の法則 ………………………… 1
　　1.1.2　分離の法則 ………………………… 3
　　1.1.3　独立の法則 ………………………… 3
　1.2　対立形質の遺伝様式 ……………………… 4
　1.3　メンデル遺伝の拡張解釈 ………………… 5
　　1.3.1　不完全顕性 ………………………… 5
　　1.3.2　複対立遺伝子が関与する不完全顕性,
　　　　　共顕性 ………………………………… 5
　　1.3.3　超顕性 ……………………………… 6
　　1.3.4　補足（互助）遺伝 ………………… 6
　　1.3.5　条件遺伝 …………………………… 8

　　1.3.6　抑制遺伝 …………………………… 8
　　1.3.7　致死遺伝 …………………………… 9
　1.4　その他の遺伝 ……………………………… 10
　　1.4.1　性の決定 …………………………… 10
　　1.4.2　間性 ………………………………… 11
　　1.4.3　伴性遺伝 …………………………… 12
　　1.4.4　限性遺伝 …………………………… 13
　　1.4.5　従性遺伝 …………………………… 13
　1.5　非メンデル遺伝 …………………………… 14
　　1.5.1　細胞質遺伝 ………………………… 14
　　1.5.2　エピジェネティクス（epigenetics）… 14

第2章　核酸と遺伝情報 …………………………………………………………………… 17
　2.1　核酸の種類と働き ………………………… 17
　2.2　DNA の構造と働き ……………………… 18
　　2.2.1　DNA の構造 ……………………… 18
　　2.2.2　DNA の働き ……………………… 19

　2.3　RNA の構造と働き ……………………… 19
　　2.3.1　RNA の構造 ……………………… 19
　　2.3.2　RNA の種類と働き ……………… 20
　2.4　ミトコンドリア DNA …………………… 20

第3章　遺伝子の構造と発現 ……………………………………………………………… 22
　3.1　遺伝子の構造 ……………………………… 22
　3.2　遺伝子の発現と調節 ……………………… 23
　　3.2.1　遺伝子の発現 ……………………… 23

　3.3　遺伝子発現の制御 ………………………… 29
　　3.3.1　DNA のメチル化 ………………… 29

第4章　ゲ　ノ　ム …………………………………………………………………………… 31
　4.1　ゲノムの概要 ……………………………… 31
　　4.1.1　サテライト DNA ………………… 32
　4.2　遺伝子構成の特異例 ……………………… 32

　　4.2.1　重なり合った遺伝子 ……………… 32
　　4.2.2　遺伝子内遺伝子 …………………… 33
　　4.2.3　偽遺伝子 …………………………… 33

第5章　染　色　体 …………………………………………………………………………… 34
　5.1　染色体の形成と種類 ……………………… 34
　5.2　染色体の構造 ……………………………… 34

　5.3　染色体と核型 ……………………………… 34
　5.4　染色体とゲノム …………………………… 34

iii

目　　次

第6章　連鎖と組換え ·· 37
6.1　細胞学的地図と連鎖地図 ···················· 37
6.2　減数分裂 ······································· 37
6.3　連鎖と染色体交叉 ····························· 38
6.4　検定交雑と組換え価 ···················· 38
　6.4.1　検定交雑 ··························· 38
　6.4.2　組換え価 ··························· 40
6.5　連鎖地図の作成 ························ 40

第7章　変　　　異 ·· 42
7.1　DNA レベルと染色体レベルの変異 ······· 42
7.2　変異 DNA ····································· 42
　7.1.1　塩基配列の変異 ····················· 43
　7.1.2　DNA の変異と形質 ··················· 44
7.3　DNA 多型 ····································· 45
7.4　染色体レベルの変異 ···················· 45
　7.4.1　染色体数の変異 ··················· 45
　7.4.2　構造的な変異 ····················· 46
7.5　変異と遺伝性疾患，そして進化 ········ 47

第8章　動物の育種 ·· 49
8.1　動物の交配と選抜 ····························· 49
　8.1.1　無作為交配 ························· 50
　8.1.2　ハーディーワインベルグの法則 ········ 50
　8.1.3　HW の法則の意義と HW 平衡 ········ 50
　8.1.4　作為交配 ··························· 52

第9章　家畜の育種 ·· 53
9.1　家畜の定義 ··································· 54
9.2　主要家畜の起源と品種 ······················· 54
　9.2.1　ウシ ······························· 54
　9.2.2　ウマ ······························· 55
　9.2.3　ブタ ······························· 56
　9.2.4　ヒツジ ····························· 56
　9.2.5　ヤギ ······························· 57
　9.2.6　ニワトリ ··························· 57
9.3　家畜の交配 ··································· 57
　9.3.1　遠縁交配 ··························· 58
　9.3.2　近縁交配 ··························· 60
9.4　集団遺伝学，統計遺伝学の利用 ············ 64
9.5　家畜の経済形質 ······························· 64
9.6　統計的解析の基本 ····························· 65
　9.6.1　統計値 ····························· 65
9.7　遺伝率 ······································· 67
　9.7.1　広義の遺伝率 ······················· 67
　9.7.2　狭義の遺伝率 ····················· 68
　9.7.3　遺伝率の意義 ····················· 68
　9.7.4　遺伝率の推定法 ··················· 69
9.8　育種価 ······························· 71
　9.8.1　育種価の推定 ····················· 71
　9.8.2　ブラップ（BLUP）法の利用 ········· 74
9.9　QTL 解析 ····························· 74
9.10　選抜の方法 ·························· 75
　9.10.1　遺伝診断 ························ 75
　9.10.2　マーカーアシスト選抜 ··········· 76
9.11　育種目標 ···························· 76
　9.11.1　育種目標と時代の変化 ··········· 76
　9.11.2　普遍的な目標形質 ··············· 76
　9.11.3　国内における家畜の育種目標 ····· 77
9.12　遺伝性疾患 ·························· 77
　9.12.1　乳牛（ホルスタイン） ··········· 77
　9.12.2　和牛 ···························· 77

第10章　実験動物の育種 ·· 78
10.1　実験動物の定義 ······························· 78
10.2　実験動物化の手段 ····························· 78
10.3　育種の目標 ··································· 78
　10.3.1　一般的な目標 ····················· 78
　10.3.2　研究や試験・生物検定に対応した目標
　　　 ····························· 78
　10.3.3　各種系統の造成と維持 ··········· 79

第11章　伴侶動物の育種 ……………………………………………………………………82

11.1　イヌの生物学的分類 ……… 82
　11.1.1　イヌの起源（家畜化）……… 82
　11.1.2　イヌの品種（犬種）……… 82
　11.1.3　イヌの遺伝子 ……… 83
　11.1.4　遺伝性疾患と検査 ……… 83
　11.1.5　イヌの血液型 ……… 83
　11.1.6　イヌの交配 ……… 84

11.2　ネコ ……… 85
　11.2.1　ネコの起源 ……… 85
　11.2.2　ネコの品種（猫種）……… 85
　11.2.3　ネコの遺伝子 ……… 85
　11.2.4　遺伝性疾患と検査 ……… 85
　11.2.5　ネコの血液型 ……… 85
　11.2.6　三毛猫の模様と遺伝 ……… 86

第12章　遺伝子工学の利用 ……………………………………………………………………88

12.1　遺伝子工学におけるおもな材料 ……… 88
　12.1.1　ベクター（vector）……… 88
　12.1.2　宿主細胞（host cell）……… 89
　12.1.3　制限酵素（restriction enzyme）…… 89
　12.1.4　逆転写酵素（reverse transcriptase）89
　12.1.5　DNA リガーゼ（ligase）……… 90
12.2　遺伝子工学におけるおもな手法 ……… 90
　12.2.1　DNA ライブラリーの作製 ……… 90
　12.2.2　DNA クローニング ……… 90
12.3　サザン法 ……… 90
12.4　PCR 法 ……… 92
12.5　遺伝子の発現を調べる方法 ……… 93

　12.5.1　遺伝子産物の解析 ……… 93
　12.5.2　RT（reverse transcriptase）-PCR 法
　　　……… 93
12.6　遺伝子の機能を調べる方法 ……… 94
　12.6.1　遺伝子導入による方法 ……… 94
　12.6.2　コンピューターによる機能予測 …… 94
12.7　DNA 組換え技術 ……… 94
12.8　動物としての利用 ……… 94
12.9　家畜への遺伝子改変技術の利用 ……… 96
　12.9.1　遺伝子導入による品種改良 ……… 96
　12.9.2　遺伝子導入による有用物質の生産 … 96
　12.9.3　臓器移植用遺伝子改変ブタの開発 … 97

第13章　バイオテクノロジーの応用 ……………………………………………………………98

13.1　発生工学の利用 ……… 98
　13.1.1　雌雄の産み分け ……… 98
　13.1.2　顕微授精 ……… 99

　13.1.3　核移植技術（クローン技術）の利用 99
13.2　ニワトリの発生工学 ……… 102

第14章　バイオインフォマティクス ……………………………………………………………103

14.1　バイオインフォマティクスとは ……… 103
14.2　バイオテクノロジーと IT（Information Technology）との融合 ……… 103

14.3　ポストゲノムとバイオインフォマティクスの利用 ……… 103

索　　引 ……………………………………………………………………………………………105

第1章

遺伝のしくみ

1.1 メンデルと遺伝の法則

動物の体型や毛色などの特徴を「形質」といい，親の形質が子やそれ以降の世代に伝わることを「遺伝」という．

家畜では血統を考慮して優れた形質を選抜し，「経済形質」（乳量や肉量など）の改良を図る「育種」がなされている．

改良の基礎である形質の伝わり方を解き明かしたのがグレゴール・ヨハン・メンデル（Gregor Johann Mendel, 1822–1884）である．オーストリア帝国（現在のチェコ）のブルノーの修道士であったメンデルは，エンドウを実験材料に選び，7つの形質（種子の形や茎の高さなど）を対象に第一世代，第二世代，第三世代にわたって交雑実験を行った．

当時は遺伝子や生殖細胞の減数分裂も知られていなかったが，メンデルは遺伝の「要素」を想定し，要素が変わらず親から子に伝わると考え，さらに交雑実験の結果を数量的に扱うことによって遺伝の規則性を導き出したのである．この「要素」の概念は現在の「遺伝子」ということになる．

メンデルは，交雑実験で得られた子孫に見られるいろいろな形質の分布に法則性があることを発見し，実験結果をまとめ 1866 年に論文『植物雑種に関する実験』を発表した．発表当初その業績は注目されなかったが，ド・フリース，コレンス，チェルマックの3人の独立した研究により，1900 年，メンデルの遺伝の法則（Mendel's law of heredity）の再発見に至った．これらの法則は，現在「顕性の法則」（law of dominance），「分離の法則」（law of segregation），「独立の法則」（law of independence）と名付けられ，遺伝の基礎として，その後の遺伝学の発展に大きく貢献した．

1.1.1 顕性の法則

ウシの形質には「角性」（有角と無角）があり，無角は有角に対して顕性（優性）である．無角を支配する遺伝子を P，有角を支配する遺伝子を p とすると，アバディーン・アンガス種の無角の遺伝子型は PP（ホモ接合体），黒毛和種の有角は pp となる．無角のアンガス種と有角の黒毛和種とを交配すると，雑種第一代（first filial generation, F_1）では $PP \times pp = Pp$ となり，すべて無角である．遺伝子型 Pp（ヘテロ接合体）の個体では p の形質は現れてこない．このように，対立した形質（例：無角と有角）を持つ個体どうしを交雑すると，F1 では両親のいずれか一方の形質（例：無角）のみが発現する．これを「顕性の法則」という（図 1-1）．このとき，F1 に現れる形質を「顕性形質」（dominant character），形質を支配する遺伝子を「顕性遺伝子」（dominant gene）という．一方，現れない形質を「潜性（劣性）形質」（recessive character），その遺伝子を「潜性遺伝子」（recessive gene）という．顕性の遺伝子記号（gene symbol）をイタリック体アルファベットの大文字（P）で，潜性遺伝子を小文字（p）で表す．また，それぞれの個体が持つ「対立遺伝子」（allele）の構成を「遺伝子型」（genotype, 例：PP, pp, Pp）といい，遺伝子型に基づいて個体に現れる無角や有角などの形質を「表現型」（phenotype, 例：[P], [p]）という．

1

第1章 遺伝のしくみ

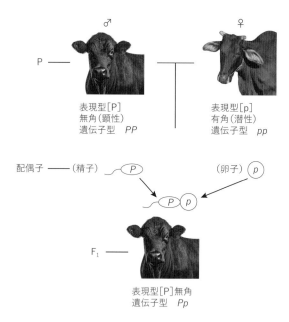

図 1-1 ウシの角性の遺伝における顕性の法則
F_1 では，親世代（P）の一方の形質（無角）のみが表れる．

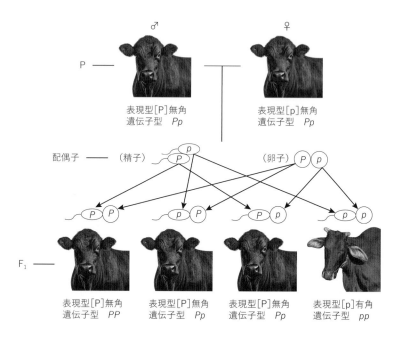

表現型 = $PP:Pp:pp$ = 1 : 2 : 1　　　表現型 = 無角[P]:有角[p] = 3 : 1

図 1-2 ウシの角性の遺伝における分離の法則
体細胞で対になっている対立遺伝子（P と p）は，配偶子形成の時に別れて別々の配偶子に入る．

1.1.2 分離の法則

図1-1で示した無角のアンガス(PP)と有角の黒毛和牛(pp)との交配から得られたF_1(Pp)どうしを交配すると,F_2で現れる遺伝子型はPP(無角):Pp(無角):pp(有角) = 1:2:1となり,表現型は,無角:有角 = 3:1に分離する(図1-2).このように,配偶子(卵子と精子)が形成される際の減数分裂時に,一対の対立遺伝子(例:Pとp)は,それぞれ分離して別々の配偶子に入る.すなわち,Pを持った配偶子とpを持った配偶子が形成される.これを「分離の法則」という.

1.1.3 独立の法則

アンガス種の別種に褐色の毛色を持つレッド・アンガス種が知られている.ウシの毛色は黒色が褐色に対して顕性である.黒色を支配する遺伝子をB,褐色を支配する遺伝子をbとすると,無

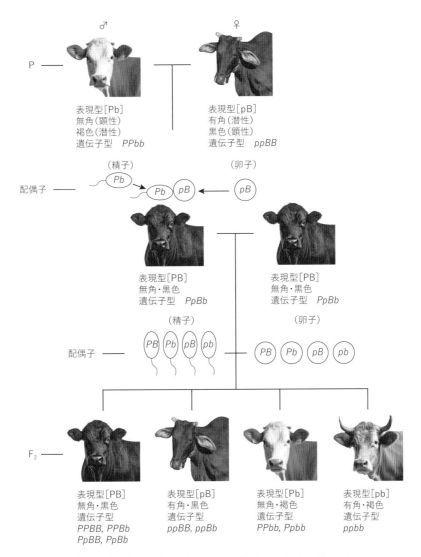

図 1-3 ウシの角性と毛色の遺伝における独立の法則・角性と毛色に関する二遺伝子雑種
別々の相同染色体上にある2つ以上の形質(角性と毛色)は,互いに干渉されず独立して遺伝する.

第1章 遺伝のしくみ

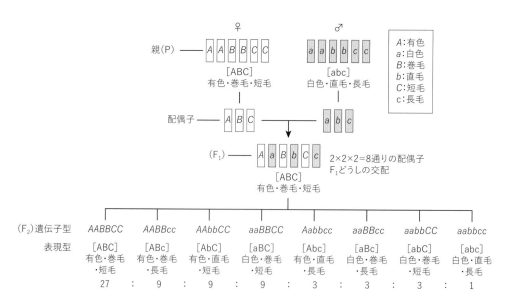

図1-4 モルモットの毛の3つの形質に関する遺伝様式(3遺伝子雑種)

角で褐色のレッド・アンガス($PPbb$)と有角で黒色の黒毛和牛($ppBB$)との交配からF_1で現れる形質はすべて無角・黒色($PpBb$)となる. さらに，F_1どうしの交配でF_2に現れる遺伝子型は$PPBB：PPbb：ppBB：ppbb：PPBb：Ppbb：ppBb：PpBB：PpBb = 1：1：1：1：2：2：2：2：4$となり，表現型では無角・黒色[PB]：無角・褐色[Pb]：有角・黒色[pB]：有角・褐色[pb] = $9：3：3：1$となる（図1-3）. ここで，角性の比は無角[P]：有角[p] = 3:1，毛色の比は黒色[B]：褐色[b] = 3:1となる. F_1におけるこれら遺伝子の配偶子への分配はPB, Pb, pB, pbという組み合わせとなる. このように，別々の相同染色体に存在する2つ以上の対立遺伝子は，配偶子が形成されるときに，互いに干渉されずに独立して配偶子に分配され，各遺伝子は任意の組み合わせで受精が起こる. これを「独立の法則」という.

1.2 対立形質の遺伝様式

ある1対の対立形質（例＝無角：有角）に着目し交配してできた雑種を「一遺伝子雑種」（図1-1，図1-2参照）と言い，2対の対立形質(無角：有角，黒色：褐色)に着目した交配では「二遺伝子雑種」という（図1-3参照）. また，モルモットの毛の形質である有色：白色，直毛：巻毛，長毛：短毛といった3つの対立形質に注目したものを「三遺伝

表1-1 メンデル遺伝の独立の法則に従った対立遺伝子の遺伝様式

対立遺伝子の数	F_1における配偶子の種類の数	F_2における表現型の種類の数	F_2における表現型の分離比
1対の対立遺伝子（一遺伝子雑種）	$2^1 = 2$（通り）	$2^1 = 2$	$(3+1)^1 = 3+1 \rightarrow 3：1$
2対の対立遺伝子（二遺伝子雑種）	$2^2 = 4$（通り）	$2^2 = 4$	$(3+1)^2 = 3^2 + 2\times 3 + 1$ $\rightarrow 9：3：3：1$
3対の対立遺伝子（三遺伝子雑種）	$2^3 = 8$（通り）	$2^3 = 8$	$(3+1)^3 = 3^3 + 3\times 9 + 3\times 3 + 1$ $\rightarrow 27：9：9：9：3：3：3：1$
複(n)対の対立遺伝子（多遺伝子雑種）	2^n（通り）	2^n	$(3+1)^n$ $\rightarrow 3^n：3^{n-1}：3^{n-1}\cdots 3：3：1$

(新詳生物図表，浜島書店，1995)

子雑種」という（図1-4）．

なお，異なった相同染色体上にある対立遺伝子の数と後代における遺伝様式（独立の法則）の関係を表1-1に示した（図1-6参照）．

1.3 メンデル遺伝の拡張解釈

メンデルは実験材料としてエンドウを用いたが，遺伝の対象として選んだ種子の形や子葉の色などの7つの形質は，偶然に顕潜の法則，分離の法則，独立の法則に従うものであった．その後，遺伝学の研究が進むにつれて，メンデルの遺伝の法則に単純に適合しない遺伝形質が多く見出されるようになった．しかし，これらのほとんどは，新しい知見を取り入れてメンデルの法則を拡張解釈することによって説明できる．

1.3.1 不完全顕性

メンデル遺伝の顕性の法則に適合しない現象として「不完全顕性」「共顕性」「超顕性」などの例が知られている．

顕潜の法則では，純系間の交配で得られたF_1は，両親のどちらか一方の形質を示すが，不完全顕性では，F_1は両親の中間的な形質を現わす．

ウシのショートホーンの毛色では，ヘテロ接合体（R_1R_2）は，2つのホモ接合体（R_1R_1とR_2R_2）の毛色（赤褐色と白色）の中間的な糟毛（かすげ：白色と褐色の混在）を示す不完全顕性が見られる（図1-5）．ただし，ヘテロ接合体の毛色は完全な中間色ではなく，多様な色調を示す．また，ウマの月毛はクリーム色〜淡褐色の毛色であるが，月毛は，淡色遺伝子座がCdのヘテロ接合体の場合に現れ，CC（栗毛：黄褐色）とdd（佐目毛：白色〜象牙色）の中間の毛色を示す不完全顕性である．

1.3.2 複対立遺伝子が関与する不完全顕性，共顕性

ヒトのABO式血液型には，血液型という1つの形質にA, B, Oの3つの対立遺伝子（複対立遺伝子，表1-1）が関与する．OはA, Bのいずれに対しても潜性であるが，AとBとは不完全顕性の関係にある．すなわち，A遺伝子が存在（AA, AO）する場合にはA型に，B遺伝子が存在（BB, BO）する場合にはB型となる．また，AおよびBはともにOに対して顕性（共顕性）であるため，AとBのヘテロ接合体（AB）は両方の形質を示すAB型となる（表1-2）．

なお，これらの複対立遺伝子は，赤血球表面に

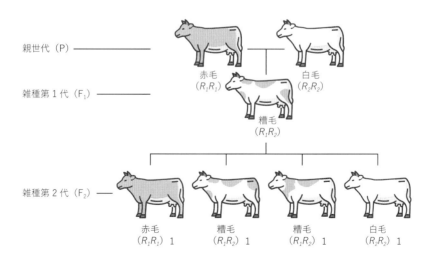

図1-5 ショートホーン牛の毛色における不完全顕性
赤毛：赤褐色　糟毛（かすげ）：白色の下地に褐色が混在
赤毛（R_1）は白毛（R_2）に対し不完全優性であるため，糟毛（R_1R_2）はホモ接合体の赤毛（R_1R_1）と白毛（R_2R_2）の中間色を示す．表現型の分離比は赤毛：糟毛：白毛＝1：2：1となる．

第1章　遺伝のしくみ

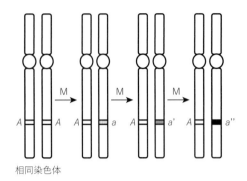

図 1-6　複対立遺伝子の形成
A は野生型(正常)遺伝子，矢印は変異(Mutation:M)を示す．a, a', a'' は，A に対する複対立遺伝子

表 1-2　ヒトのABO式血液型における遺伝子型と表現型

血液型	遺伝子型	赤血球の抗原性	血清中の抗体
A	AA, AO	A	抗B（β）
B	BB, BO	B	抗A（α）
AB	AB	A，B	抗A（α）も抗B（β）もない
O	OO	AもBもない	抗A（α），抗B（β）

存在するムコ多糖に糖を付加する酵素の遺伝子に変異が生じたものである．すなわち，A 対立遺伝子はN-アセチルガラクトサミンを，B 対立遺伝子はガラクトースを付加し，O 対立遺伝子はいずれの糖も付加しない．その結果，赤血球の表面はこれらの糖鎖の異なった抗原性を持つことになる（表1-2）．

1.3.3 超顕性

超顕性とは，2つの対立遺伝子のヘテロ接合体（例：A_1A_2）が，両対立遺伝子のいずれのホモ接合体（A_1A_1，A_2A_2）よりも顕著な表現型を表す場合である．ヒツジでは2種類の筋肥大症が知られているが，その1つに，臀部筋肉が異常に発達する「キャリピージ」(callipyge：ギリシャ語で美しいお尻の意味)という形質が知られている．ドーセット種では，母親から正常遺伝子を，父親からキャリピージ遺伝子を受け継いだ子のみに現れる(伴性遺伝ではない)．この場合，ヘテロ接合体のみが筋肉の過形成を示し，超顕性遺伝が見られる．なお，この遺伝には，ゲノムインプリンティング(図1-18を参照)が関与している可能性が示唆されている．

その他の例として，鎌状赤血球がある．鎌状赤血球貧血症は激しい運動をして血液中の酸素が不足すると，赤血球が鎌状に変形してしまうため悪性の貧血や血栓を起こしてしまう．この疾病はヘモグロビンのβ鎖を構成する146個のアミノ酸の中で，正常人（HbA）では6番目のグルタミン（GAA）が，鎌状患者（HbS）ではバリン（GUA）に置き換わった代謝異常例である（図1-7）．HbS/HbS ホモ型の血球は鎌形で貧血がひどく，幼少の頃に死亡してしまう．しかし，鎌状血球はマラリア原虫が増殖し難いことからHbA/HbSヘテロ型はマラリア発生地域では生存に有利となる．

1.3.4 補足（互助）遺伝

ある特定の形質に複数の遺伝子が関与している場合がある．ニワトリの冠型（トサカ）には単冠，マメ冠，クルミ冠，バラ冠の4種類が知られており，これらの形質の発現には，2つの遺伝子が関与している．すなわち，野生型の単冠（$rrpp$）に対し，顕性のR遺伝子が存在するとバラ冠に，顕性のP遺伝子が存在するとマメ冠を発現する．さらに，RとPとが共存するとクルミ冠となる．したがって，バラ冠の個体（$RRpp$）にマメ冠の個体（$rrPP$）を交配すると，F_1でクルミ冠が現れ，クルミ冠（$RrPp$）同士の交配から，F_2ではバラ冠，

1.3　メンデル遺伝の拡張解釈

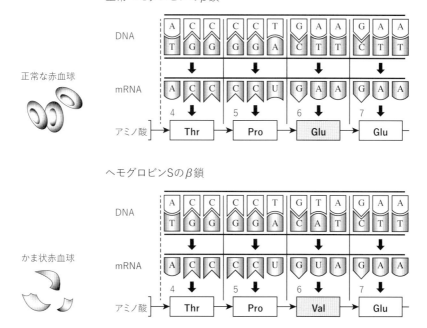

図1-7　ヘモグロビン変異
鎌状赤血球貧血症の遺伝子変異

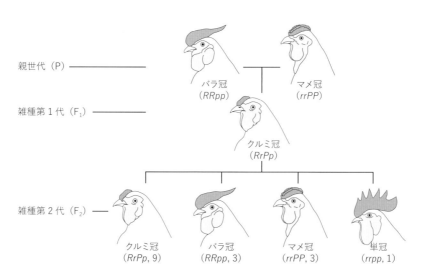

図1-8　補足(互助)遺伝(ニワトリのトサカ)
R：バラ冠遺伝子　r：単冠となる遺伝子　P：マメ冠遺伝子　p：単冠となる遺伝子
RとPがともに存在すると，相互作用によりクルミ冠が，rとpが共存すると単冠が現れる．このような遺伝子を補足(互助)遺伝子という．F_2の(　)内は表現型を支配する遺伝子型(半数体，n)を示す

マメ冠, クルミ冠, 単冠の分離比が9：3：3：1となる(図1-8). このような遺伝様式を補足(互助)遺伝と呼んでいる.

1.3.5　条件遺伝

カイウサギの毛色の遺伝では，灰色（$CCGG$）×白色（$ccgg$）のF_1（$CcGg$）同士の交配から，灰色（CG）9：黒色（Cg）3：白色（cG）3：白色（cg）1の分離比を示す（図1-9）. この場合，Cは着色遺伝子，Gは灰色遺伝子，gは黒色遺伝子（Gに対し潜性）として作用し，Gもgも，Cとの共存を条件に発現するので，Cは条件遺伝子という.

1.3.6　抑制遺伝

イヌの毛色において，白色犬（$IIBB$）×褐色犬（$iibb$）のF_1（白色：$IiBb$）同士を交配すると，F_2では分離比が白色（IB）9：白色（Ib）3：黒色（iB）3：褐色（ib）1となる（図1-10）. この場合，Bは黒色遺伝子，bは褐色遺伝子であるが，IはBやbの働きを抑制することから抑制遺伝子という.

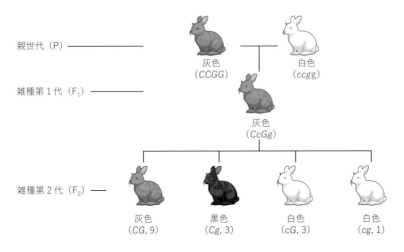

図1-9　条件遺伝(カイウサギの毛色)
C：着色遺伝子(条件遺伝子)　c：白色遺伝子　G：灰色遺伝子　g：黒色遺伝子(Gに対し潜性)
Gとgは，Cとの共存を条件として発現し，Cは条件遺伝子である. F_2の( )内は表現型を支配する遺伝子型(半数体, n)を示す. 表現型の分離比は灰色：黒色：白色＝9：3：4となる.

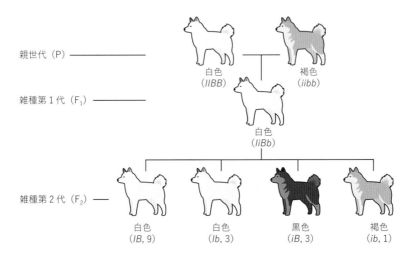

図1-10　抑制遺伝(イヌの毛色)
B：黒色遺伝子　b：褐色遺伝子　I：抑制遺伝子(IはB, bの働きを抑制する)　i：抑制作用なし
IBとIbは色素を生産できないので白色となる. F_2の( )内は表現型を支配する遺伝子型(半数体, n)を示す. 表現型の分離比は白色：黒色：褐色＝12：3：1となる.

1.3.7 致死遺伝

動物の毛や皮膚の色の発現には，ユーメラニン（褐色〜黒色）の合成とフェオメラニン（黄色〜赤色）の合成を調節するアグーチ（*Agouti*）遺伝子と色素発現遺伝子（chromogen, C：条件遺伝子の一種）や複対立遺伝子を含む多くの遺伝子が関与する（図 1-11）．したがって，両色素の生成量の異なった組み合わせ（メラニン重合体）により，さまざまな毛色が表現されることになる．縞模様や斑点などさまざまな毛色の多様性は，細胞レベルの色素の生成量やそれらの分布の違いが反映していると考えられている．なお，チロシナーゼ遺伝子が欠損すると，メラニンがまったく生産されず，アルビノ（潜性ホモの白色）となる．

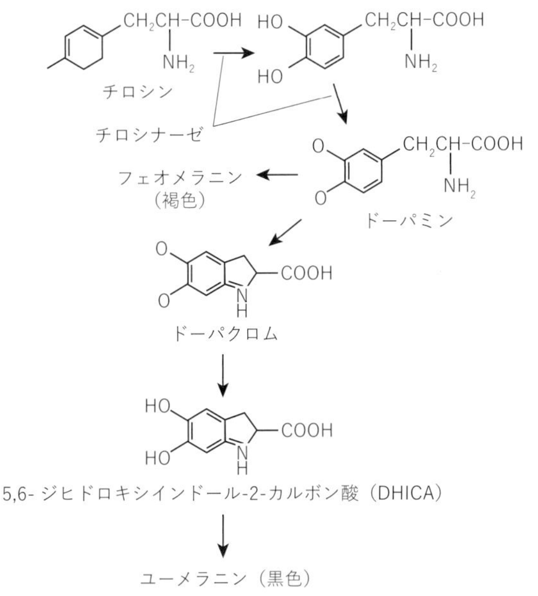

マウスの毛色では，黄色の毛色に関与する遺伝子（A^y）がホモ接合体になると胎生致死となり，見かけ上分離の法則に合致しない遺伝様式（図 1-12）を示す．

A^y は体色の黄色化（顕性）とともに，致死作用（潜性）を示す遺伝子であるので，黄色のホモ接合体（A^yA^y）の個体は胎子の段階で死ぬため存在しない．なぜこのような遺伝様式を示すのかは明らかになっている．

A（*Agouti*）遺伝子はアグーチというタンパク質をコード（生産）しており，メラニン細胞刺激ホルモン（αMSH）に対し拮抗的な阻害作用を示し，メラノサイト（メラニン合成細胞）でのメラニン合成を調節している．αMSH が刺激されるとユー

図 1-11　メラニン色素の合成経路

哺乳類の毛色はチロシン（アミノ酸の一種）から，さまざまな反応を経て決定される．これらの経路には，多くの酵素が作用する．また，チロシンからフェオメラニンやユーメラニンが合成される過程でさまざまな中間産物が合成される．チロシナーゼ（酵素）が欠損すると，色素がまったく合成されず，欠損ホモ個体の体色は白色（アルビノ）となる．毛色の灰色や褐色などは，フェオメラニンとユーメラニンの合成量の割合が関係する．

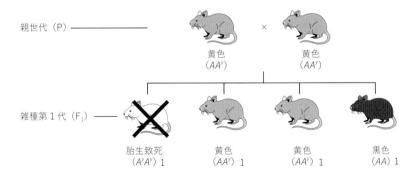

図 1-12　マウスの毛色と致死遺伝

A^y：黄色遺伝子（A に対し顕性，致死性は潜性，ユーメラニン[黄色]のみ合成）
A：黒色遺伝子（メラニン[黒色]のみを合成）

A^y は毛色の黄色化（顕性）とともに，致死作用（潜性）を示す遺伝子である．A^yA^y の個体は胎生致死であるため黄色のホモ接合体は存在しない．したがって，表現型の分離比は黄色：黒色 = 2：1 となる．

メラニン(黒色)が合成され，一方，刺激がないときは，フェオメラニン(黄色)が合成される．

AA 個体では，ユーメラニン(黒色)のみが合成され，毛色は黒色となる．A^y 遺伝子は A 遺伝子が変異した対立遺伝子であるが，プロモーター(第3章図3-1，図3-13を参照)が別の遺伝子のプロモーターに置き換わった変異遺伝子である．A 遺伝子の上流には胎子発生に不可欠な $Merc/Raly$ 遺伝子(RNA結合タンパク質をコード)が存在する．この $Merc/Raly$ 遺伝子のコード領域(タンパク質を生産する領域：構造遺伝子)と A 遺伝子のプロモーター領域(遺伝子発現を調節する領域)とを含む領域が欠失する変異が生じ，その結果，A 遺伝子が $Merc/Raly$ 遺伝子のプロモーターの調節下で発現する(図1-13)．したがって，A^yA 個体ではアグーチタンパク質の生産量が変化し，フェオメラニン(黄色)が優勢的に生産されて黄色の毛色となる．一方，A^yA^y 個体では，$Merc/Raly$ 遺伝子がまったく発現しないために胎生致死となる．メンデルの法則の拡張解釈としては，そのほかにも，複数の遺伝子が共通の形質を発現させる同義遺伝，特定の遺伝子が他の2つの遺伝子を発現させない被覆遺伝などが知られている．

以上のように，メンデル遺伝における対立(複対立)遺伝子間の顕潜性，独立性，さらには表現型の分離比を変えるようなさまざまな遺伝様式が明らかになっている．このような遺伝子間や遺伝子座間における相互作用をエピスタシス(相互作用)あるいはエピスタシス効果と呼んでいる．エピスタシスは，QTL(第6章量的形質遺伝子座参照)とポリジーン(複数遺伝子)との関係を解明する上で重要な遺伝現象である．

1.4 その他の遺伝
1.4.1 性の決定
a 哺乳類の性決定

哺乳類では，XY型やXXY型を持つ個体は雄になるが，XX型やXO型を持つ個体は精巣を形成しないことから，Y染色体の有無が性を決定すると古くから考えられていた．性分化の異常を示すヒト遺伝性疾患の研究やマウスの性変異系統の分子遺伝学的な解析などの蓄積から，1990年に哺乳類の精巣を決定する遺伝子が単離され，SRY (Sex determining Region on Y chromosome) と命名された(図1-14)．

SRY は，胎子未分化生殖腺の少数の細胞で一過性に発現し精巣へ分化させる転写因子(他の遺伝子の発現調節領域に結合する因子)である．SRY は単一のエキソン(図1-14)から成る遺伝子で，SRY タンパク質はDNA結合領域であるドメイン(HMG)を有し，このHMGドメインは動物種間を超えて Sry 遺伝子内によく保存さ

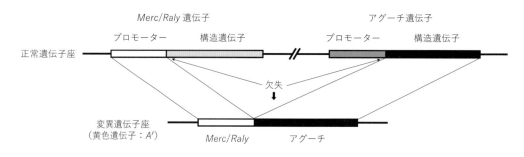

図1-13 黄色遺伝子がホモ接合体になった場合の致死性のメカニズム

プロモーター：遺伝子発現を調節するDNA領域
構造遺伝子：タンパク質をコードするDNA領域
欠失の際の正確なDNA切断箇所は異なる．変異遺伝子 A^y は $Merc/Raly$ 遺伝子のプロモーターの制御下でアグーチタンパク質を生産し，毛色を黄色にする．変異遺伝子座は $Merc/Raly$ タンパク質(胎児発生に不可欠)を合成できない．

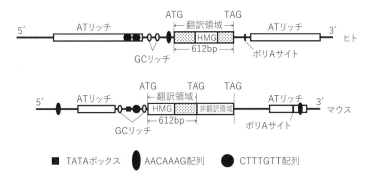

図1-14 ヒトSRY遺伝子とマウスSry遺伝子の構造
ヒトSRYは204アミノ酸残基，マウスSryは230アミノ酸残基からなる．
HMG：high mobility group SRY/Sry遺伝子にはイントロンが存在しない．

れている．遺伝子操作してSRY遺伝子を導入したXX型のトランスジェニックマウス（第12章図12-15参照）では，精巣は形成されるが精子は形成されないことがわかった．この事実から，SRYは精巣を形成する引き金的な役割を果たす遺伝子にすぎず，精巣が正常な機能を持つためには，Y染色体以外の染色体に存在する遺伝子の発現が必要であることが判明した．

b 鳥類の性決定

鳥類の性染色体の構成は，雌がZW(XY)で雄がZZ(XX)であり，哺乳類の場合と異なり，雌で性染色体がヘテロ接合体となっている．鳥類の性決定の分子機構は十分に解明されていないが，次のような仮説が提唱されている．

第1は，哺乳類のY染色体上に存在するSRY遺伝子と同様に性を分化させる機能を持つ遺伝子がW染色体上に存在し，雌への分化を誘導しているという仮説である．第2は，ショウジョウバエや線虫の性決定機構に見られるように，ZWとZZにおけるZ染色体数の違い，すなわち遺伝子量の違いが性を決定するという仮説である．

1.4.2 間性

自然界では，時折，正常な雄あるいは雌の特徴を欠いた個体が生まれることがあり，それらのほとんどは不妊である．これを間性（intersex）と言い，その出現する原因はさまざまである．たとえば，生殖細胞の減数分裂の過程で性染色体の不分離が生じると，生まれた個体の性染色体構成はXO，XXX，XXYとなり，生殖傷害を示す．また，XX型でありながら，雄型の外貌を示す個体では，Y染色体上のSRY遺伝子などの雄の決定に関与する何らかの遺伝子がX染色体に転座している．一方，XY型で雌の外貌を示す個体では，SRY遺伝子あるいは雄を決定する遺伝子領域（常染色体を含む）に変異が生じている場合がある．

ヒトの精巣性女性化症では精巣が形成されるが，アンドロジェン（雄性ホルモン）レセプター遺伝子の欠損によりアンドロジェンの効果が現れないために外部性徴は雌型を示す．

ヤギのザーネン種では，無角の雄の集団中に不妊を伴う間性がしばしば出現する．それらの多くは，XX型であり，間性は常染色体潜性で，無角は顕性である．DNA解析の結果，第1染色体上に存在するSox9（精巣の分化を誘導する遺伝子）の発現を抑制する遺伝子座に欠損が生じており，これが，間性の原因であることが判明している．ウシでは，異性の双子を妊娠すると90％以上の雌が間性として生まれ，これをフリーマーチン（free-martin）と呼んでいる．フリーマーチンの胎盤では，雌雄の胎児胎盤の血管が吻合し，雌雄の血液が混在する血液キメラが生じる．そのため，雌の卵巣に比べ発達の早い雄の精巣のセルト

リー細胞から生産される抗ミュラー管ホルモンが雌に作用し，ミュラー管（将来卵管へ発達）の発達を妨げる．その結果，雌胎児の生殖器の分化に異常を来し不妊となる．

1.4.3 伴性遺伝

性染色体に存在する遺伝子が原因で，雌雄の性に依存して現れる遺伝現象があり，これを伴性遺伝（sex-linked inheritance）という．

ヒトの遺伝病の一種である血友病 A は，X 染色体にある血液凝固第 VIII 因子（factor VIII：FVIII）遺伝子が欠損していることが起因している．ヒトやイヌのシェパードで出現する血友病 B は，X 染色体上の血液凝固第 IX 遺伝子の欠損によるものである．また，ヒトおよびイヌのゴールデン・レトリバーやラブラドール・レトリバーで出現する筋ジストロフィー（筋委縮症）は，ジストロフィン遺伝子の欠損による伴性遺伝である．ヒトの色覚異常も伴性遺伝である．

このような X 染色体上にある遺伝子が原因で起こる伴性の遺伝性疾患の場合，変異遺伝子を持つ X 染色体（X$^{\#}$）を母性から受け継いだ雄性（X$^{\#}$Y）はすべて疾患を発症する．なお，伴性遺伝の疾患は父から息子へ伝達されることはない．一方，雌性の場合，発症の有無には X 染色体の不活性化（図 1-17）が大きく関係し，しかも複雑である．すなわち，X$^{\#}$X 型の場合には，X$^{\#}$ と X のどちらが不活性化されるかは細胞ごとに任意に生じるため，発症の有無やその程度は任意である．たとえば，血液凝固因子を生産する肝臓の多くの細胞で正常な遺伝子を持つ X 染色体が不活性化されている場合には，血友病を発症することがある．逆に，多くの細胞で X$^{\#}$ が不活性化されている場合は，発症しないことがある．ある種のヒツジでは古くから遺伝性の多産形質（2〜3 頭／分娩）が知られていた．この形質は，卵子で特異的に発現し卵胞からの排卵数を制御している X 染色体上の *BMP15*（bone morphogenetic protein15：骨形成タンパク質 15）遺伝子における一塩基置換が起因していることが判明している．なお，*BMP15* 遺伝子は母性インプリンティング遺伝子（図 1-18）であると考えられている．

ニワトリの白色レグホーン（産卵鶏）で出現する遺伝性の筋ジストロフィーは，常染色体上の遺伝子と Z 染色体（性染色体）上の遺伝子との相互作用により発症する．さらに，ニホンウズラで出現する羽毛色の変異（薄茶色，クリーム色，薄紫色）は，Z 染色体上の *rous* 遺伝子（ガン遺伝子の一種）と常染色体上の *lavender*（薄紫色）遺伝子との相互作用によると考えられている．

ニワトリの羽の横斑は伴性遺伝を示し，これを応用した交配により生れた初生雛の横斑が雌雄鑑別（羽毛鑑別法）に利用されている．横斑プリマスロックは，ヒナの時期に羽毛の成長が遅れる遅羽性を示す．この形質を支配する遺伝子座（*K*）は Z 染色体上にあり，正常型の速羽性（*k*）に対し顕性である．たとえば，雄の白色レグホーンを戻し交配（図 1-15）を繰り返すことにより遺伝的に速羽性に固定する．この白色レグホーン種の雄を遅羽性の横斑プリマスロック種の雌に交配すると，生まれたヒナ（F$_1$ ロックホーン）では雄が遅羽性（*K/k*）で，雌が速羽性（*k/ −*）として現れるので，外観（羽毛）により初生雛の段階で雌雄を鑑別できる．また，羽の横斑は，ユーメラニン（黒色）の合成（図 1-11 参照）に関与する遺伝子の発現様式により羽軸に対し直角に白黒の縞模様を現す形質である．横斑の遺伝子座（*B*）は Z 染色体上にあり，非横斑（*b*）に対し顕性である．この伴性遺伝を利用して，横斑プリマスロックの雌（*B/ −*）と黒色（例：黒色ミノルカ）の雄（*b/b*）と交配すると，F$_1$ で雌は黒色（*b/ −*）に，雄は横斑（*B/b*）となる．雄の初生雛には，横斑が必ず頭部に見られるので雌雄が容易に鑑別できる（図 1-15）．しかし，これらの形質は，F$_2$ では雌雄ともに出現するため，限られた交配でしかも雑種第 1 代でしか雌雄鑑別に利用できない．

1.4 その他の遺伝

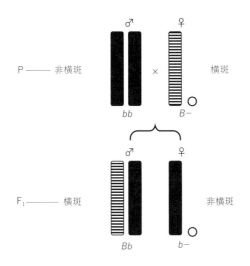

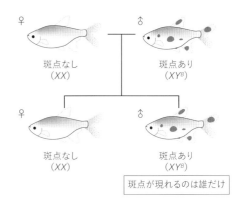

図 1-15 ニワトリの羽の横斑（伴性遺伝）を利用した交配
横斑（B）は非横斑（b）に対し顕性．この交配（例：横斑プリマスロック×黒色ミノルカ）では，雌はすべて非横斑点で，雄はすべて横斑となる．しかし，F_2 では，雌雄に非横斑と横斑が出現する．横斑を利用したヒナの雌雄鑑別は，限られた交配で，しかも F_1 でしか利用できない．

図 1-16 グッピーのひれの斑点
グッピーの斑点は，雄だけに現れる限性遺伝である．

1.4.4 限性遺伝

常染色体上の遺伝子に支配されながら，一方の性に限って形質が現れる遺伝様式がある．その例が限性遺伝である．たとえば，ヒトの男性のヒゲや雌動物における乳汁の生産である．また，ヒトの若禿はほとんどが男性に見られる．これらの形質は，性の決定以外にY染色体を持つ雄やW染色体を持つ雌（鳥類）に限定して現れることから，限性遺伝（sex-limited inheritance）という．つまり，XY型の雄，ZW型の雌のみに見られる形質となる．

前述したように，ニワトリの羽毛は，通常雌雄で異なり，雄では精巣で合成されるテストステロン，雌では卵巣で合成されるエストロジェンの作用により，それぞれ特有の羽毛を示す．しかし，ある種のニワトリの系統（セブライトバンタムやゴールデンカンパイン）では，羽毛に顕著な雌雄差が見られない．これは，ステロイドホルモンの合成過程においてテストステロンからエストロジェンに変換する酵素をコードするアロマターゼ遺伝子に変異が生じ，テストステロンが雌雄の皮膚で作用しているためである．この現象は，アロマターゼ遺伝子が常染色体上に存在するにもかかわらず，性の決定以外の表現型が性に限定して現れる限性遺伝の例である．グッピーの斑点は，雄だけに現れる限性遺伝である（図 1-16）．以上のほかにも，自然界では，雌雄によって特徴的な相違を示す限性遺伝の例が多く見られる．

1.4.5 従性遺伝

雌雄の性の違いによって，遺伝子の顕潜の関係が逆転する現象が見られる．これを従性遺伝（sex-controlled inheritance）という．たとえば，ウシのガンジー種の毛色は，雌雄ともにマホガニー色（赤褐色）か褐色の下地に白斑が分布する模様を示す．この2色の対立遺伝子を M（マホガニー）と R（褐色）で表すと，雄では M が顕性で，雌では R が顕性である．したがって，MM 型は，雌雄ともにマホガニー色であり，RR 型は両性で褐色となる．しかし，MR 型は雄ではマホガニー色であるのに対して，雌では褐色となる．また，ある種のヒツジの角の遺伝は，雄では有角が，一方，雌では無角が顕性を示し，雌雄によって遺伝子の顕潜が逆転している．そのほかにも，雌雄で表現型が逆転する形質が多く知られている．

第1章 遺伝のしくみ

1.5 非メンデル遺伝

1.5.1 細胞質遺伝

　メンデル遺伝ならびにそれを拡張解釈したさまざまな遺伝様式は，すべて核ゲノム上に存在する遺伝子が対象である．しかし，一部の遺伝情報は，細胞質内の細胞小器官であるミトコンドリア DNA（第2章図2-8参照）に存在しており，このミトコンドリア上の遺伝子に支配される形質の遺伝を細胞質遺伝（母性遺伝，染色体外遺伝）という．なお，精子にはミトコンドリアがほとんど含まれていないため，受精の際に雄性のミトコンドリアが卵子に持ち込まれることはない．したがって，細胞質遺伝はメンデルの遺伝の法則に従わず，母系のミトコンドリア遺伝子に支配されている形質のみが子孫に伝達される．

　ミトコンドリアに存在する遺伝子は，リボゾーム RNA 遺伝子や転移（運搬）RNA 遺伝子のほかに，細胞における呼吸系の最終反応である電子伝達系（呼吸鎖）に関与する各種酵素の複合体（呼吸鎖複合体）をコードしている．ヒトでは，ミトコンドリア遺伝子の変異が原因で細胞内の好気的エネルギー生産が異常を来し，エネルギーを多く必要とする脳，骨格筋，心筋で異常を起こすミトコンドリア病が知られている．ただし，ミトコンドリアは細胞あたり 100〜2,000 個存在しており，体内全体のミトコンドリアが一様に異常を来すわけではないので，多様な病態を示す．

1.5.2 エピジェネティクス（epigenetics）

　哺乳類における一卵性双生子やクローン動物（第13章図13-4参照）の解析から，ミトコンドリア遺伝子を除くすべての遺伝子型が同一にもかかわらず，個体間で一部の形質に違いの認められることがある．また，近年の DNA 解読（塩基配列の決定）や遺伝子操作により作製したさまざまな遺伝子改変マウス（第12章図12-15参照）の解析から，メンデルの遺伝の法則をいかに拡張解釈しても説明が困難な遺伝現象が明らかになって

きた．これらの遺伝現象はエピジェネティクス（epigenetics）として説明されている．

　エピジェネティクスとは，DNA 塩基配列の変化を伴わないで遺伝子発現のパターンが変わり，しかも次世代に継承される遺伝現象をいう．エピジェネティクスの語源は，受精卵から生物の形ができることを説明する後成説（epigenesis）と遺伝学（genetics）から由来し，またギリシャ語のエピ（epi：超えた，外の）と genetics との合成語でもある．エピジェネティクスは，今後，胚性幹細胞（ES 細胞）や人工多能性幹細胞（iPS 細胞）の分化全能性のメカニズムを調べたり，また，哺乳類におけるクローン動物作製の成否や異常発生などに影響する要因を解明できる．さらには，遺伝性疾患やがん発生のメカニズム，脳機能を明らかにする上で重要である．

a X 染色体不活性化

　哺乳類の雄と雌では性染色体が異なり，雌の体細胞では2本の X 染色体（XX）が対になっているのに対して，雄では X 染色体とそれに比べ小さい Y 染色体が対（XY）を成している．ヒトの X 染色体には 1,000 以上の遺伝子が存在するのに対して，Y 染色体には 100〜200 の遺伝子しか存在しない．そのため，雌雄の X 染色体から生産される遺伝子産物量を雌雄間で等しくする遺伝子量補正（gene dosage compensation）という機構が働く．この機構に異常が起こると胎生致死であることから，X 染色体と常染色体からの遺伝子産物量の比が正しく維持されていると考えられている．すなわち，雌の体細胞の2本の X 染色体のうち1本からの転写を不活性化する X 染色体不活性化（X-chromosome inactivation）が起こる．XXX 型や XXXY 型のヒトが生存可能（ただし不妊）なのは1本の X 染色体以外の他の X 染色体が不活性化されているためである．この現象は，発見者であるメアリーライオン（Mary Lyon）の名にちなんでライオニゼーション（Lyonization）と

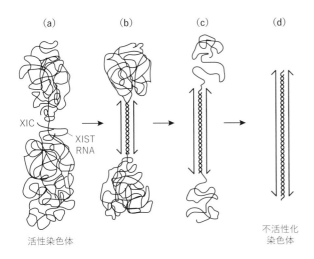

図 1-17　哺乳類の X 染色体不活性化の過程
X 不活性化センターの XIC 座から XISTRNA が合成され（a），周辺の DNA 鎖に結合する（b）．XISTRNA が結合した領域は転写が阻害される（c）．この現象が周辺に伝播する（d）．

もういう．

　X 染色体不活性化の分子機構は完全に解明されていないが，次のように考えられている．不活性化される X 染色体の中央部（X 不活性化センター：XIC）から RNA 分子（XIST RNA）が生産され，この RNA が X 染色体を覆ってしまい，X 染色体からの転写を防いでいる（図1-17）．また，この不活性化には DNA のメチル化も関与していることもわかっている（第 3 章図 3-14 参照）．なお，X 染色体の不活性化は染色体全体に及ぶものではなく，モザイク状に不活性化されている．

　雌の胚盤胞を構成している 1,000 個ほどの細胞では，母親由来の X 染色体（Xm）と父親由来の X 染色体（Xp）のいずれかが任意に不活性化される．この不活性化の状態は，染色体（DNA）の複製が繰り返されても忠実に娘細胞へ伝達される．したがって，雌個体の体細胞は Xm か Xp のどちらかが任意に不活性化されたモザイク状の細胞集団を構成している．

　X 染色体不活性化の現象が動物の外観に現れる例として，三毛ネコの毛色が知られている．ネコの X 染色体には，毛色を茶色にする遺伝子（R）と黒色にする対立遺伝子（B）が存在する．2 本の X 染色体（相同染色体）に R と B の両遺伝子を持つ雌ネコでは，体を構成している体細胞で任意な X 染色体の不活性化が起こる結果，体の一部は赤褐色にする R 遺伝子のみが働き，他の部分は黒くする B 遺伝子のみが働くことになり，モザイク様の毛色になる．これに体の一部を白くする他の遺伝子座（常染色体）が関与すると，白色・黒色・茶色の三毛ネコとなる．一方，雄ネコでは，母親から茶色遺伝子を持つ X 染色体かあるいは黒色遺伝子を持つ X 染色体のどちらかを受け継いだかにより，全体の毛色は，茶色か黒色の単一色となる．したがって，XXY 型のような例外を除き，三毛ネコは雌しか存在しない（第 11 章表 11-4 参照）．

b　ゲノムインプリンティング

　哺乳類の染色体は，父親（精子）から受け継いだ染色体と母親（卵子）から受け継いだ染色体から構成される二倍体（diploid，2 n）である．前述の X 染色体上の遺伝子以外，通常，対立遺伝子は父母のどちらに由来したかに関係なく，両遺伝子座は等しく発現する．しかし，染色体上に存在する遺伝子の種類（インプリント遺伝子）によっては，どちらの親から受け継いだかによって，その発現が異なり，この現象をゲノムインプリンティング（genomic imprinting：ゲノム刷り込み）という（図 1-18）．哺乳類では，配偶子（卵子・精子）の形成過程で雌雄それぞれ特異的に DNA のメチル化が生じる．この DNA メチル化は配偶子のゲノムから受精卵に引き継がれ，受精後の個体では遺伝子が父親から由来したか母親から由来したかにより，その発現が異なる．インプリント遺伝子は，同一の染色体領域に集中かつ偏在し，クラスター（遺伝子群）を形成している．現在，ゲノム上には 150 以上のインプリント遺伝子が存在すると考えられている．

c　個体発生とゲノムインプリンティング

　ゲノムインプリンティング現象の発見は，

第1章 遺伝のしくみ

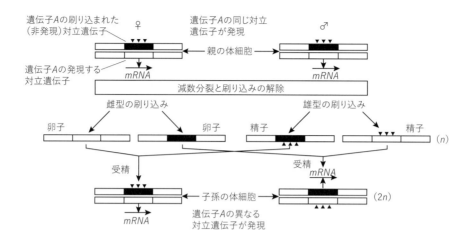

図1-18 哺乳類におけるゲノムインプリンティング（ゲノム刷り込み）
減数分裂と生殖細胞の形成過程で，ゲノム刷り込みがいったん解除されるが，再度刷り込みが起こる．卵子では，遺伝子Aの両対立遺伝子座ともにメチル化（▼，▲）されている．受精の際に，どちらの染色体（遺伝子A）を受け継ぐかで，子孫細胞では，ゲノム刷り込みパターンの違いにより，表現型（遺伝子Aの発現パターン）が異なる．このような一部のインプリント遺伝子の刷り込みにより，メンデルの法則から外れた表現型が現れる場合がある．

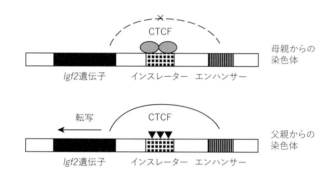

図1-19 マウスIgf2遺伝子のインプリンティング機構
母親（卵子）から受け継いだ染色体では，CTCFタンパク質がインスレーターに結合し，エンハンサーとIgf2遺伝子間の情報伝達が阻止される．その結果，Igf2遺伝子は発現しない．一方，父親（精子）から受け継いだ染色体のインスレーターは，メチル化（▼）されているので不活性である．そのため，CTCFのインスレーターの結合が阻止され，Igf2遺伝子は発現する．

1984年以後のマウスを用いた単為発生の実験結果がきっかけとなった．すなわち，未受精卵を処理して2倍体にした単為発生胚，また受精卵の一方の前核を除去し，別の受精卵の前核を移植して作製した雄性発生胚（雄性前核のみの胚）や雌性発生胚（雌性前核のみの胚）を移植すると，いずれも着床後の胎子や胎子胎盤の形成が異常となり，正常に子マウスが生まれない．これらの事実から，哺乳類の個体発生には，父親由来と母親由来の両方の染色体（ゲノム）の存在が必須であることが判明した．

インスリン様成長因子-2（*insulin-like growth factor-2*, *Igf2*）遺伝子は，胎生期の胎子や胎子胎盤の成長に重要である．この*Igf2*遺伝子は，ゲノムインプリンティングを受け，父親由来の*Igf2*のみが発現する（図1-19）．もし，父親由来の*Igf2*遺伝子に欠損が生じた場合には，発育が阻害され正常マウスの半分の大きさの子が生まれる．しかし，母親由来の*Igf2*遺伝子に欠損があっても，胎子は正常に発育する．

第2章 核酸と遺伝情報

2.1 核酸の種類と働き

核酸（nucleic acid）は，リン酸，糖，塩基からなるヌクレオチド（図2-1a）が多数つながった長い鎖状の物質で，すべての生物の細胞内に存在し，生物の遺伝現象およびタンパク質の生合成に関与している必須の物質である．核酸には2種類があり，デオキシリボ核酸（deoxyribonucleic acid：DNA）（図2-1b）とリボ核酸（ribonucleic acid：RNA）（図2-1c）である．

DNAの糖はデオキシリボース（deoxyribose：dR）で，RNAの糖はリボース（ribose：R）である．動物細胞のDNAのほとんどは細胞の核（染

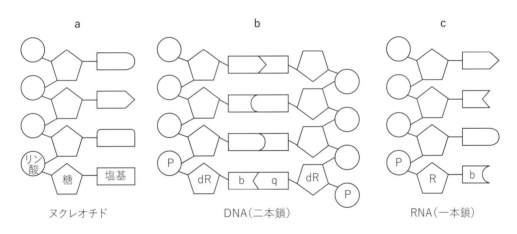

図2-1 核酸の基本構造
P：リン酸，dR：デオキシリボース，R：リボース，b,q：塩基対

表2-1 動物細胞における核酸の種類と働き

種類		所在	構造	特徴と働き
デオキシリボ核酸（DNA）		核（染色体）とミトコンドリア	二重らせんと環状2本鎖	遺伝情報源となり，タンパク質合成を支配する 自己複製を行う
リボ核酸（RNA）	メッセンジャーRNA（mRNA）	核内で合成され，細胞質へ移動する	1本鎖	DNAの遺伝情報を転写する
	トランスファーRNA（tRNA）	核内で合成され，細胞質へ移動する	1本鎖であるが，一部に2本鎖を形成する	特定のアミノ酸をリボゾームまで運搬する
	リボゾームRNA（rRNA）	細胞質のリボゾーム・核小体	1本鎖	タンパク質と結合してリボゾームを形成する 細胞中のRNAの75〜80%を占める

すべてのRNAはDNAを鋳型に合成される．
mRNA：messenger RNA，tRNA：transfer RNA，rRNA：ribosomal RNA

色体）に存在するが，一部は細胞質内のミトコンドリア（図2-8参照）に存在する．DNAは生物の形質を決定している遺伝子（gene）の本体であり，小さく折りたたまれて染色体を形成する．一方，RNAは，通常DNAを鋳型に合成され，遺伝子の形質発現であるタンパク質の生合成に働いている（表2-1）．

2.2 DNAの構造と働き
2.2.1 DNAの構造

DNA分子は，ヌクレオチドが多数つながってできた2本の鎖が反対向きに結合し，規則正しい右巻きの安定した二重らせん構造を形成している（図2-2）．DNAは，一本鎖のDNAどうしが$5'→3'$と$3'→5'$の逆向きの方向で，プリン塩基（アデニンとグアニン）とピリミジン塩基（チミンとシトシン）とがそれぞれ相補的に結合した構造をしている．結合した塩基対は36度ずつ回転しているので，ヌクレオチド10個でらせんは1回転する．塩基はらせん構造の内側に突き出ており，アデニン（Adenine：A）とチミン（Thymine：T），グアニン（Guanine：G）とシトシン（Cytosine：C）がそれぞれ相補的に結合して塩基対（base pair：bp）を形成している（図2-3）．この場合，AとTは2つの水素結合で，GとCは3つの水素結合によって結合している（図2-3）．

4種類の塩基は，それぞれ環状の五単糖であるデオキシリボース（deoxyribose）の$1'$の位置に結合してヌクレオシド（nucleoside）を形成している（図2-4）．このヌクレオシド構造体であるデオキシリボースのもう一方の$5'$の位置にリン酸基がエステル結合したものがヌクレオチド（nucleotide）であり，DNAの最小単位である（図2-1a）．この場合，DNA鎖の一方の端はデオキシリボースの$5'$の位置にリン酸基（PO_4）をつけて遊離しており$5'$末端と呼び，一方の$3'$の端は水酸基（OH）がついており$3'$末端という（図2-2，

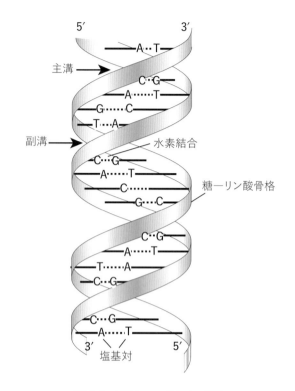

図2-2　DNAの2重らせん構造

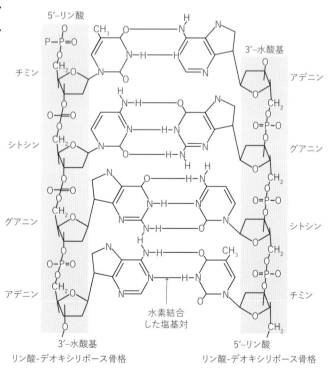

図2-3　塩基の相補的結合と水素結合

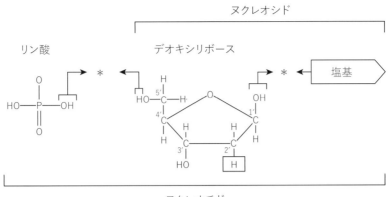

図 2-4　DNA のヌクレオシドとヌクレオチド
＊：H$_2$O がとれて結合する

図 2-3).

2.2.2　DNA の働き

DNA は，自己の複製，特定の遺伝子産物（RNA）の合成（図 2-1b），さらに自己の遺伝情報を次世代に伝達する働きを持っている．

DNA の複製は以下の過程で進行する（図 2-5）．

① 塩基の水素結合が切られ，二重らせんがほどける
② 元の鎖の塩基に相補的な塩基を持つヌクレオチドが結合していく
③ 隣り合ったヌクレオチドどうしが DNA ポリメラーゼの働きで結合し，新しい鎖ができる
④ 新しく作られた DNA 分子には，元の鎖と新しく合成された鎖が含まれる．複製された 2 本の鎖のうち，1 本は鋳型として用いられた元の DNA のものなので，半保存的複製といわれる

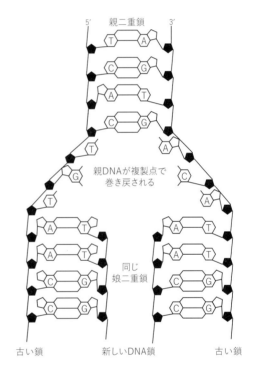

図 2-5　DNA の複製（半保存的複製）

2.3　RNA の構造と働き

2.3.1　RNA の構造

RNA は，通常 DNA を鋳型にして合成（転写）される．RNA のヌクレオチドを構成する糖は，DNA ではデオキシリボースであるのに対してリボースになっている．また 4 種類の塩基のうち，DNA のチミンがウラシル（U）になっている．すなわち，RNA のヌクレオチドは，プリン塩基のアデニン（A），グアニン（G），ピリミジン塩基のシトシン（C），ウラシル（U）を有し，環状の五単糖（ペントース）はリボースで，それにリン酸がエステル結合した構造をしている（図 2-6）．

RNA は通常一本鎖で存在しているが，中性の溶液中では A と U あるいは G と C とが多数の

19

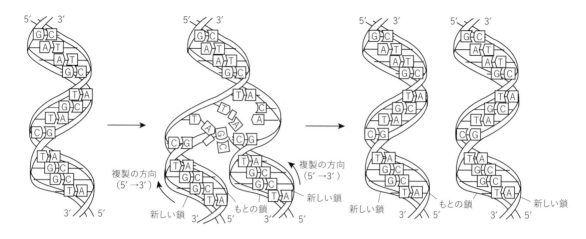

図 2-6　DNA の複製(半保存的複製)

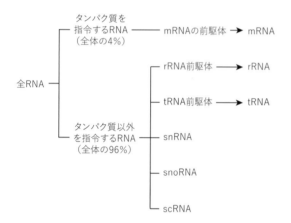

図 2-7　真核生物の細胞内 RNA の種類
snRNA, snoRNA, scRNA の詳細は「第 3 章 遺伝子の構造と発現」を参照

個所で水素結合し分子内二本鎖を形成している．そのため，RNA には，ヘアピン構造やステムループ構造を持った二本鎖を形成した部分が点在し，複雑な高次構造を形成する(図 2-7 参照)．

2.3.2　RNA の種類と働き

RNA は，RNA ポリメラーゼが DNA に結合することにより遺伝情報の転写によって合成され，タンパク質への翻訳を担っている．

この DNA 情報の転写からタンパク質の合成までの一連の流れ(セントラルドグマ)において，さまざまな仲介役として働く．RNA には，DNA の暗号を転写したメッセンジャー RNA(mRNA)，リボゾームに含まれるリボゾーム RNA(rRNA)，アミノ酸を運搬するトランスファー RNA(tRNA)がある(RNA の働きは「第 3 章 遺伝子の構造と発現」を参照)．そのほかにも，細胞質内には複数の種類の低分子 RNA が存在し，転写や翻訳の過程に関与していると考えられている．

2.4　ミトコンドリア DNA

ミトコンドリアは，細胞質に存在する細胞内小器官の 1 つであるが，その起源は 10 億年以上前に細菌の一種が真核生物に寄生して細胞内共生が生じ，その細菌の酸素呼吸を担う遺伝子として rRNA や tRNA が残存したものだと考えられている．

細胞内の DNA のほとんどは核内(染色体)に存在するが，一部の DNA はミトコンドリアに存在する．ヒトのミトコンドリア DNA(mitochondrial DNA：mtDNA)は約 1.6 kb からなる環状の二本鎖 DNA(図 2-8)である．ちなみに，大腸菌に存在する遺伝情報のすべても環状 DNA である．1 個のミトコンドリアには複数のミトコンドリア核が存在する．mtDNA の自己複製は，核ゲノムの半保存的な複製と異なり，置換複製と呼ばれる異なる過程をとる．

哺乳類の mtDNA には 13 種類の mRNA とその翻訳に必要な 2 種類の rRNA および 22 種類

2.4 ミトコンドリア DNA

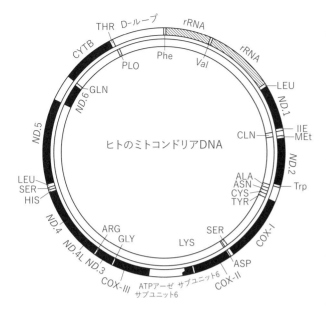

図 2-8　ヒトのミトコンドリア DNA（mtDNA）
ALA～VAL の 20 の略字は，各アミノ酸の tRNA を示す．
CYTB：チトクローム b．COX-Ⅰ，COX-Ⅱ，COX Ⅲ：チトクローム c 酸化酵素Ⅰ，Ⅱ，Ⅲ．ND：NADH ユキビノン酸化還元酵素複合体．円の外側は H 鎖，内側は L 鎖
（T.A.Brown，監訳：村松正實，ゲノム，2000）

表 2-2　ヒトのミトコンドリア DNA の特徴

ミトコンドリアの数	100～2,000／細胞
ゲノムの大きさ	16,569bp
機能がない部分	1,100bp（D-ループ）
総遺伝子数	37
呼吸鎖複合体遺伝子	13
リボゾーム RNA 遺伝子	2
トランスファー RNA 遺伝子	22

呼吸鎖複合体Ⅰ～Ⅴ（Ⅴは ATP 合成酵素）：細胞の呼吸系に関与する各種酵素をコードする遺伝子群から合成され，ミトコンドリア内膜に存在する分子量は 10～100 万の巨大なタンパク質

表 2-3　ミトコンドリア（mt）DNA の遺伝暗号の特徴

コドン	核ゲノム	mtDNA
UGA	終止	トリプトファン（Trp）
AGA，AGG	アルギニン（Arg）	終止
AUA	イソロイシン（Ile）	メチオニン（Met）

の tRNA の遺伝子が存在する（表 2-2）．ミトコンドリア遺伝子の配列順序は，動物種間でほとんど差異が見られない．mtDNA には，核 DNA とは異なり，遺伝子間のスペーサーが存在しないため，各遺伝子は接近して配列しており，2 個の遺伝子の翻訳領域が重なっている場合がある．

ミトコンドリア遺伝子からの転写は，1,100 個の塩基からなる領域（D-ループ）の両端から開始される．RNA 分子を翻訳する場合，核における遺伝暗号（コード）と一部異なるコドンが使用される（表 2-3）．

mtDNA は細胞質内に存在するため，生殖細胞のうち卵子の mtDNA のみが次世代へ伝わることから，母性遺伝（maternal inheritance）する（図 2-8）．ミトコンドリア DNA は，核ゲノムで生じる組換えが起こらないために，遺伝情報が安定して子孫へ伝達される．また，ミトコンドリアでは活性酸素が生じやすいため DNA が傷つけられやすく，生じた変異（点変異）が正確に修復されないことから，変異が次世代に伝達され蓄積されやすい．とくに，遺伝子をコードしていない D-ループ領域（図 2-8）には変異が蓄積しやすく，塩基置換や短い配列の挿入や欠失が多く見られる超可変部が存在する．この超可変部の変異率は，核ゲノム DNA に比較して 5～10 倍であり，千年から 1 万年単位で進化を測定することが可能であることから，動物や化石などから採取したmtDNA の塩基配列が分子進化速度の解析に広く利用されている．

第3章
遺伝子の構造と発現

3.1 遺伝子の構造

図3-1に哺乳類におけるタンパク質をコードする遺伝子の一般的な構造を示す。遺伝子の機能単位は，タンパク質をコードしている領域（翻訳領域，open reading frame：ORF）とその上流および下流側に存在する非転写領域（非翻訳領域を含む）ならびに5′および3′隣接領域から構成されている。動物遺伝子の多くは，エキソンがイントロンで分断された構造になっている。エキソンは，その数も長さもさまざまであり，たとえば，β-グロビン遺伝子は3つのエキソンと2つのイントロンからなる約1,400塩基対の長さで，146個のアミノ酸をコードしている。これに対して，筋ジストロフィー症（筋委縮症）の原因遺伝子であるジストロフィン遺伝子は約240万塩基対からなり，79個のエキソンを持ち，3,685個のアミノ酸をコードしている。

翻訳領域の両側には，mRNAに転写されるが翻訳されない非翻訳領域があり，また，5′末端はmRNAの安定性に関与するキャップ（cap）部位がある。一方，3′非翻訳領域の3′末端近くはポリ（A）付加部位がある。5′隣接領域には，遺伝子発現に必須のプロモーターを含むさまざまなシスエレメント（図3-13）が存在し，また，3′隣接領域にも転写に関与するエレメントの存在が確認されている。

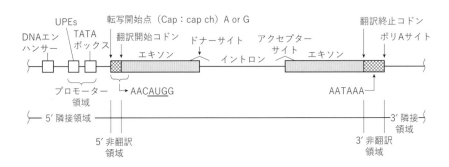

図3-1 哺乳類遺伝子の一般的な構造

高等生物のほとんどの構造遺伝子（タンパク質をコードする領域）はエキソンとイントロンで構成されている。イントロンのない遺伝子（例：*SRY*遺伝子）も存在する。TATAボックス転写開始点上流25〜30塩基に位置し様々なタンパク質が結合し，DNA-タンパク質複合体を形成し，さらに，RNAポリメラーゼIIが結合し転写が開始する。
ドナーサイト，アクセプトサイト：RNAスプライシングの際に認識される切断部位。転写後，RNAスプライシングでエキソンとイントロンが切断され，エキソンどうしが結合する。スプライスドナー部位とスプライスアクセプトサイト部位（エキソンとイントロンとの連結部位）は，それぞれ，A/CAG↓GTA/GAGTと(Y)6NC/TAG↓GG/Tの共通の配列をもつ。A/CはAまたはCを示し，Nは特定の塩基の必要はなく，Yはピリジン塩基（TまたはC）である。↓は切断部位，下線はよく保存されている塩基配列を示す。
UPEs（upstream promoter elements）：転写効率に関与し，多くの遺伝子ではCCAATボックスが存在する。
エンハンサー：転写開始点からの距離や方向に関係なく，遺伝子の転写を*cis*（シス）に促進する領域で，(G)TGGAAA(G)配列が多くみられる。
（図説基礎動物生理学，東條英昭・奈良岡準，アドスリー，2006より作図）

3.2 遺伝子の発現と調節
3.2.1 遺伝子の発現

DNA の遺伝情報は，遺伝子 DNA 上のシスエレメントに核内のさまざまな転写調節因子が複雑に結合し（後出の図 3-13 を参照），さらに，RNA ポリメラーゼⅡがプロモーター領域に結合し，二本鎖の DNA の一方のアンチコード鎖（anticording strand）を鋳型に 1 本鎖の RNA（未成熟 RNA）が合成されることにより発現する（図3-2）．その後，RNA の 5′側に cap 構造，3′側にポリ(A)が付加されたのち，核から細胞質へ移動した mRNA はリボゾームに結合し，mRNA をもとにタンパク質へ翻訳される．タンパク質の種類によっては，その後，ペプチド鎖の切断・折

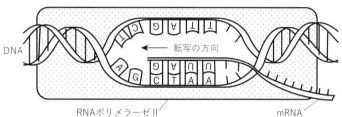

図 3-2 遺伝情報の転写
核内で DNA の二重らせんがほどけ，一方のDNA 鎖を鋳型にして，相補的な塩基配列をもつ mRNA がつくられる．このような RNA 合成は，RNA ポリメラーゼⅡによって結合．mRNA には T（チミン）の代わりに U（ウラシル）が入る．

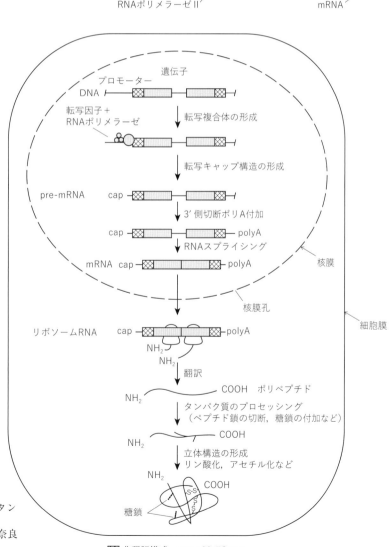

図 3-3 遺伝子の転写から活性(糖)タンパク質合成までの過程
(図説基礎動物生理学，東條英昭・奈良岡準，アドスリー，2006)

たたみや糖鎖の付加などの翻訳後修飾を受け立体構造をとる．そのほかにも，特定アミノ酸部位でリン酸化やアセチル化などの化学的修飾を受けて活性型の(糖)タンパク質が合成される(図3-3)．

1) 転写

遺伝子発現の第1段階は，RNAが合成される転写である．タンパク質をコードする転写産物の場合にはmRNAと呼ばれ，タンパク質へ翻訳される．タンパク質をコードしないRNAには，rRNAやtRNAがあり，翻訳されない．さらに，真核生物にはさまざまな翻訳されない低分子RNAが存在し，次の3種類に分類される．すなわち，核内低分子RNA(small nuclear RNA：snRNA)，核小体低分子RNA(small nucleolar RNA：snoRNA)および細胞質低分子RNA(small cytoplasmic RNA：scRNA)である(第2章図2-7参照)．snRNAとsnoRNAは，他のRNA分子のプロセシングに関与している．また，scRNAは，それ自身さまざまな機能を持つ多様な分子群であり，すべての真核生物に存在しているわけではない．

真核生物の核内遺伝子の転写には，3種類のRNAポリメラーゼ(RNA合成酵素)が関与している (図3-4)．それらは，RNAポリメラーゼⅠ，RNAポリメラーゼⅡ，RNAポリメラーゼⅢである．これらのRNAポリメラーゼは，お互い構造的に類似しているが，それぞれ異なった機能を持ち，異なったグループの遺伝子に作用する．RNAポリメラーゼⅠは大部分のrRNA遺伝子の転写に，また，RNAポリメラーゼⅡはタンパク質をコードする遺伝子のmRNAやRNAのプロセシングに関与するsnRNAの転写に働く．さらに，RNAポリメラーゼⅢはtRNA，5SrRNA，snoRNA，scRNAの転写に働く．

2) RNAのプロセシング

一次転写物(未成熟RNAまたはRNA前駆体)は，核内でイントロンの部分が切断され，エキソンのみからなるRNAスプライシング(RNA splicing)を経て成熟mRNAとなる．mRNA前駆体の大部分のイントロンは，5′-GU-3′配列で始まり，5′-AG-3′の配列で終わり，GU-AGイントロンと呼ばれる．これらのコンセンサス配列(共通配列)は，真核生物の種類によって異なるが，脊椎動物では，次の配列が一般的である．すなわち，5′切断部位は5′-AG↓GUAAGU-3′であり，3′切断部位は5′- pypypypypypyNCAG↓3′である．なお，pyはピリミジン塩基(UまたはC)，Nはいずれかの塩基，↓はエキソンとイントロンとの境界を示す．5′切断部位はドナーサイト(donor site，供与部位)，3′切断部位はアク

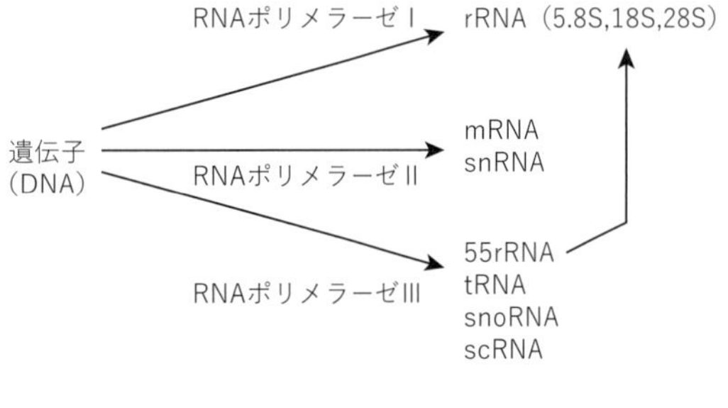

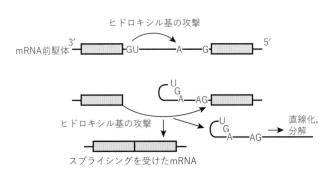

図3-4 真核生物の遺伝子発見に必須な3種類のRNA合成酵素
機能的なrRNA，mRNA，tRNA，それぞれの前駆体がさまざまなプロセシングを経て合成される．

図3-5 RNAスプライシングの過程
イントロン配列のアデノシンヌクレオチドの2′-炭素(C)に付いたヒドロキシル基によって，5′切断部位の切断が促進され，投げ縄構造が形成される．つづいて，上流エキソンの3′ OH基が3′切断を誘導し，2つのエキソンが連結される．イントロンは遊離し，線状になり分解される．

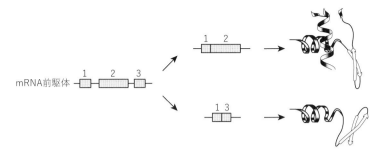

図 3-6　選択的スプライシングによる 2 種類のタンパク質の合成
1 ～ 3 はエキソン
（応用動物遺伝学，東條英昭・佐々木義之・国枝哲夫，朝倉書店，2007）

セプターサイト（acceptor site，受容部位）という．その他にも AU-AC イントロンなどが知られているが，哺乳類などの高等真核生物には存在しない．スプライシングの過程には，さまざまな因子が関与し非常に複雑であることが明らかにされている（図 3-5）．

遺伝子の種類によっては，mRNA のプロセシングにいくつかの変化が生じる場合がある．これを選択的スプライシング（alternative splicing）と呼ぶ．たとえば，RNA の編集によって単一の mRNA 前駆体が異なるタンパク質を指令する 2 種類の mRNA に変換されることがある．また，選択的スプライシングの結果，エキソンが異なった組み合わせで集合し，1 つの mRNA 前駆体から 2 種類以上の mRNA が生じる場合がある（図 3-6）．

3）翻訳

翻訳（translation）は，mRNA を介して遺伝子の塩基配列をタンパク質のアミノ酸配列に変換する過程であり，大別して，開始（initiation），伸長（elongation），および終結（termination）の 3 つのステップを経る．翻訳は，遺伝暗号（genetic cord）（表 3-1）の法則に従って行われる．mRNA 分子の塩基配列は，3 個のヌクレオチドが連結したトリプレット（codon，コドン）として読み取られる．RNA は，4 種類のヌクレオチドが直線的に並んだ構造なので，3 個のヌクレオチドの組み合わせは，4 × 4 × 4 = 64 通りとなる．しかし，通常のタンパク質を構成しているアミノ酸は 20 種類しか存在しないので，1 種類のアミノ酸が複数のコドンを指定している．また，3 種類のコドン（終止コドンまたは停止コドン）が翻訳の終了を指定するのに使用されている．この遺伝暗号は，ミトコンドリア DNA（第 2 章図 2-8 を参照）を除けば，すべての生物で共通している．

翻訳の開始は，まず，mRNA がリボゾームに結合し，ついで，tRNA の 3 個のヌクレオチド（トリプレット）からなるアンチコドン（anticodon）と相補的な mRNA 分子のコドンとが結合し塩基対を形成する（図 3-7, 8）．なお，アミノアシル tRNA 合成酵素（標的のアミノ酸ごとに種類が異なる）の作用により，特定のアミノ酸は，それぞれに対応する tRNA 群に共有結合する（図 3-9）．さらに，伸長中のポリペプチド鎖のカルボキシル基が，tRNA に取り込まれたアミノ酸のアミノ基と結合する．このような反応が繰り返されてポリペプチド鎖が伸長する．最後に，伸長反応が終始コドンに到達すると，それに終結因子が結合して翻訳が終了する（図 3-10）．完成したポリペプチド鎖はリボゾームから放出され，さらに，翻訳に関与した分子のすべてが解離する．なお，リボゾームは，50 種類以上のタンパク質と数種類の rRNA からなる触媒作用を持つ複合体である．

4）遺伝暗号

表 3-1 に遺伝暗号表を示した．

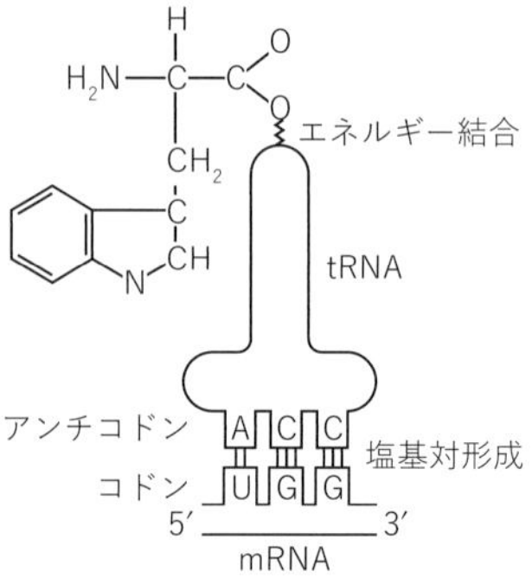

第3章　遺伝子の構造と発現

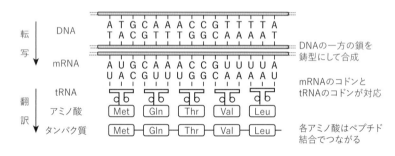

図3-7　アミノアシルtRNA（tRNAとアミノ酸との複合体）のアンチコドンとmRNAのコドンとの共有結合
アミノアシルtRNA合成酵素（標的のアミノ酸ごとに異なる）の作用により，tRNAと適合する特定のアミノ酸が結合する（アミノアシルtRNAの合成）．ついで，アミノアシルtRNAのアンチコドンがmRNAの対応するコドンに結合する．（東條英昭・佐々木義之・国枝哲夫，応用動物遺伝学，朝倉書店，2007）

図3-8　遺伝子発現におけるDNA, RNA，タンパク質の関係

5）翻訳後修飾

リボゾーム上でmRNAが翻訳されてポリペプチド鎖（タンパク質）が合成されるが（図3-2参照），この段階のポリペプチドは不活性で，種々の翻訳後修飾を経て活性型になる（図3-3参照）．第1は，タンパク質の折りたたみ（protein folding）で，正しく3次構造に折りたたまれる．第2は，プロテアーゼによるタンパク質の切断で，ポリペプチドの一端あるいは両端から断片が除去される結果，タンパク質が短くなったり，複数の断片に切断される．そのほかにも，ポリペプチド内のアミノ酸に新たな化学基が結合したり，また，RNAスプライシングに似た過程で，タンパク質内に存在する介在配列であるインテイン（intein）が除去されて両側のエクステイン（exstein）が連結される．これらのプロセシングは，しばしば同時に起こり，ポリペプチドは折りたたまれると同時に切断され，化学修飾されることにより活性型の（糖）タンパク質になる（図3-11参照）．

6）転写を調節するエレメント

遺伝子の5′隣接領域および3′隣接領域にはプロモーター（promoter）をはじめ，エンハンサー（enhancer），サイレンサー（silencer），インスレーター（insulator），LCR（locus control region, 遺伝子座制御領域），MARs（matrix attachment regions, マトリックス付着領域），SARs（scaffold attachment regions, 足場付着領域）など，さまざまな遺伝子発現を調節する領域（塩基配列）が存在する．これらの領域はDNA上で特有の塩基配列を有し，シスエレメント（*cis*-elements）と呼ばれている．そのうち，プロモーターは遺伝子が正確にかつ効率よく転写されるための不可欠な領域

3.2 遺伝子の発現と調節

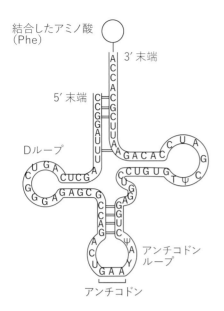

図 3-9 アミノアシル tRNA 分子 (tRNA とアミノ酸との複合体) の構造

コドン／アンチコドンに適合したアミノ酸が tRNA (クローバー葉構造) の 3′末端のヌクレオチド (常にアデニン) に結合する. ヌクレオチド 3 個の配列からなるアンチコドンは, mRNA のコドンと塩基対を形成されてから化学修飾より生じたものである.
(東條英昭・佐々木義之・国枝哲夫, 応用動物遺伝学, 朝倉書店, 2007)

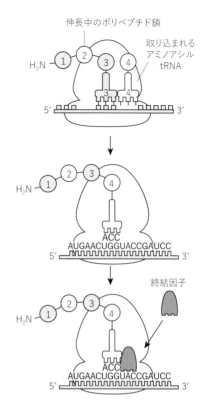

図 3-10 リボゾーム上でのポリペプチド鎖の合成過程

各ステップの詳細は省略している. 最初のアミノアシル tRNA (tRNA とアミノ酸の複合体) に結合しているアミノ酸は, つねにメチオニンである. 翻訳終了後は, ペプチド鎖はリボゾームから放出され, さらに, 各分子すべて分解する.
(東條英昭・佐々木義之・国枝哲夫, 応用動物遺伝学, 朝倉書店, 2007)

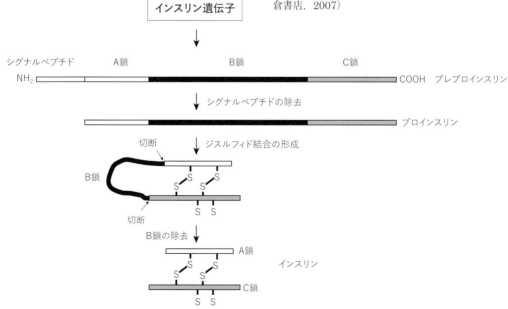

図 3-11 インスリン合成過程における翻訳後修飾

第3章　遺伝子の構造と発現

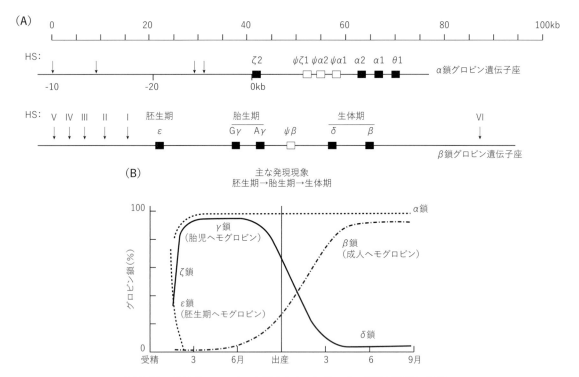

図3-12　遺伝子ファミリーを構成するヒトグロビン鎖遺伝子座とLCR
(A)ヒトグロビン鎖遺伝子座とLCR
HS：DNase I 高感受性部位．DNase I に対して他のDNA領域よりも切断されやすくなっている状態で，遺伝子の転写が盛んに起きていると考えられている．
I〜Ⅵならびに矢印：LCR（locus control region）におけるHS．
ここのグロビン遺伝子は固有のプロモーター領域をもつ．LCRの制御により個々のグロビン遺伝子は，左側から順次，発生時期特異的ならびに組織特異的（卵黄嚢→胎児肝臓→骨髄）に発現がスイッチオンあるいはスイッチオフされる．
(B)ヒトの発生過程におけるグロビン鎖の発現

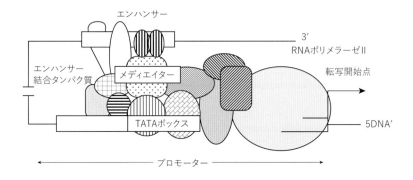

図3-13　真核生物の遺伝子発現（転写）を調節するさまざまな結合因子
転写される際には，各種の転写調節因子がプロモーター領域に結合し，RNAポリメラーゼⅡと複合体を形成する（転写因子の結合状態や数は任意に示してある）．

（塩基配列）であり，通常，転写開始点より上流110塩基内に位置している．ヒトなどの真核生物の遺伝子のプロモーターは，通常2つの領域から構成されている．1つは転写開始点の上流25〜30塩基に位置するTATAボックスであり，転写開始部位の決定に関与している．遺伝子が転写される際には，このTATAボックス（共通配列は5′-TATAWAW-3′，WはAまたはT）にTFIID

28

をはじめさまざまな転写調節タンパク質（trans-elements，トランスエレメント）が順次結合し，形成されたDNA-タンパク質複合体にさらにRNAポリメラーゼIIが結合し，正確な転写が開始される．もう1つは，転写開始点の上流80塩基付近に存在する上流プロモーターエレメント（upstream promoter elements：UPEs，多くはCCAATボックス）である．

さらに，転写の効率に関与する転写調節エレメントと呼ばれる配列がそれぞれの遺伝子に特異的に存在する．そのうち，エンハンサーやサイレンサーは，転写開始点からの距離や方向に関係なく，遺伝子の転写をシスに促進あるいは抑制するエレメントである．エンハンサーは，(G)TGGAAA(C)という共通の配列を持ち，多くは転写開始点より上流に位置するが，構造遺伝子（アミノ酸をコードする領域）内に存在することもある．また，インスレーターは，遺伝子の5′上流側のプロモーターと隣接する他の遺伝子の発現調節領域との間に位置し，隣接遺伝子の機能を分断するエレメントである．MARsやSARsは細胞核の核マトリックス（基質）に付着する領域（AやTに富んでいる）で，同じく隣接する遺伝子間の機能を分断する役割を持っている．さらに，LCR（locus control region）はヒトβ-グロビン遺伝子の研究の過程で初めて発見され，個体発生の過程で特定の時期に活性化するβ-グロビン遺伝子群全体の発現に関与している（図3-12）．そのほかにも，転写の活性や抑制に関与する転写調節エレメントが多数存在する．これらのシスエレメントにさまざまな転写因子が複雑に結合することにより遺伝子の組織特異的ならびに時期特異的な発現が精巧に調節されている（図3-13）．そのほかにも，翻訳に関与しない小さなRNA分子（活性型RNA：miRNA）が遺伝子発現調節領域に結合し，遺伝子の発現を調節していることが明らかにされている．

3.3 遺伝子発現の制御
3.3.1 DNAのメチル化

真核生物の染色体（核）DNA分子のシトシン塩基（C）は，5′-メチルシトシンに変化していることがあり，これはDNAメチルトランスフェラーゼ（DNA methyl transferase）の作用によりシトシンにメチル基が付加されたものである（図3-14a）．脊椎動物ではゲノムDNAの約10%のシトシンがメチル化されている．メチル化は5′-CG-3′配列中の特定のシトシンに限られており，遺伝子活性の抑制に関与している．DNAのメチル化には，メチル化CpG結合タンパク質（metyl-CpG-binding protein：MeCP）が関与

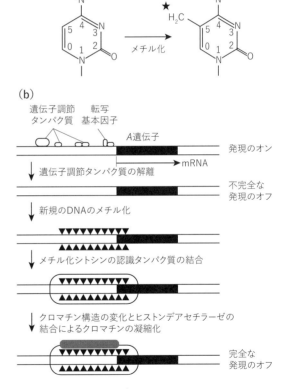

図3-14　DNAのメチル化による遺伝子の付活性化のしくみ

(a) シトシン塩基（C）のメチル化（★）は，CG配列のシトシンヌクレオチドに限定される．
(b) メチル化によるA遺伝子の不活性化．遺伝子調節タンパク質と転写基本因子の複合体がメチル化酵素のプロモーター領域への結合を妨げる．

第 3 章　遺伝子の構造と発現

しており，この MeCP が CpG アイランド（CpG island，CG 配列に富む領域）に結合することにより，遺伝子発現を不活性化する（図 3-14b）．このような DNA メチル化パターンは，細胞分裂に際して正確に娘細胞に伝えられる．DNA メチル化は，遺伝子の組織特異的ならびに時期特異的な発現，ゲノムインプリンティング（第 1 章図 1-18 参照）や X 染色体の不活性化（図 1-17 参照）などに関与している．

第4章

ゲノム

4.1 ゲノムの概要

　ゲノムとは，生物の1個の細胞内に存在する DNA 分子の全体を指し，「gene」(遺伝子)とラテン語の集合を表す「-ome」を組み合わせた名称である．

　真核生物の細胞内には，2種類のゲノムが存在する．第1は，ゲノムの大部分が存在する核ゲノム (nuclear genome) であり，第2は，ミトコンドリア (第2章図2-8参照) に多数のコピーが存在するミトコンドリア DNA(mtDNA)である．

　ゲノムの大きさは生物種により著しく異なる (表4-1)．ゲノムの大きさ (塩基対数，bp)と生物の複雑さとは，動物種内ではほぼ一致しているが，脊椎動物どうし，たとえば，ヒトのゲノムサイズは約30億 bp であるのに対して，両生類のメキシコサラマンダー (アホロートル) のそれは，ヒトの10倍以上の320億 bp である．また，ゲノムの大きさは染色体の数や遺伝子の数とも比例しない．ヒトとアホロートルの遺伝子の数はほぼ同じの 23,000～24,000 個である．また，トラフグのゲノムサイズは約4億 bp で，ゼブラフィッシュのそれは16億 bp であるが，両者の遺伝子の数はほぼ同じである．

　動物のゲノムは，構造的な特徴から次のように分類できる．すなわち，タンパク質をコードしエキソンとイントロンからなる遺伝子，偽遺伝子 (pseudogene)，ゲノム全体に散在する散在性反復配列 (repeated sequences)，ゲノム内の特定場所に縦列に繰り返して存在する縦列反復

表4-1　各種生物のゲノムサイズ

生物種	Mb (1,000kb)
原核生物	
マイコプラズマ	0.58
大腸菌	4.64
無脊椎動物	
線虫	100
ショウジョウバエ	140
バッタ	
脊椎動物	5,000
フグ	400
サンショウウオ	90,000
マウス	3,300
ヒト	3,000

1kbp = 1,000bp (塩基対)
(監訳：中村圭子・松原謙一，細胞の分子生物学(第4班)，ニュートレンズ，2004 より一部引用)

配列，さらに，無規則な配列 (junk) が存在する (図4-1)．このうち，ゲノム全体に分布する反復配列としては，短い反復配列を持つ SINE(short interspersed nuclear element)，長い反復配列を持つ LINE(long interspersed element)，さらに DNA 分子上を移動する DNA 型トランスポゾンの4種類が知られている (図4-1)．タンパク質をコードする遺伝子にも，同一または類似の配列が1つの遺伝子ファミリー (gene family) を形成している場合があり，グロビン遺伝子群は，1つの祖先遺伝子から進化したと考えられており，遺伝子スーパーファミリー (gene superfamily) を形成している．

　縦列反復配列には，数百塩基対を単位とす

第4章 ゲノム

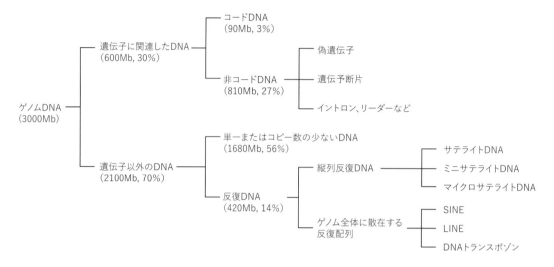

図4-1 ヒトゲノムの構成
LTR：long terminal repeat（長い末端反復配列），SINE：short interspersed nuclear element（短い分散型核内反復配列），
Line：long interspersed nuclear element（長い分散型核内反復配列）

るサテライトDNA，基本となる単位が2～4塩基対からなるマイクロサテライト配列（microsatellite sequences），反復配列の1単位が数塩基対からなり，ゲノム全体に一様に分布せず，おもに染色体の末端部に多く存在するミニサテライト（minisatellite）などが知られている．

4.1.1 サテライトDNA

サテライトDNAは，染色体のセントロメア付近などに見られるヘテロクロマチンに存在し，数百塩基対を単位として反復している配列であり，哺乳類ではゲノム全体の1～10%を占めている．サテライトの名は，細胞からDNAを密度勾配超遠心法により分離した際に，そのGC含量が豊富なため，ゲノムの主要なDNAとは異なったバンド（サテライトバンドと呼ぶ）を形成することから，この名前が付けられた．ミニサテライトとマイクロサテライトを総称して単配列長多型（simple sequence length polymorphism：SSLP）という．ミニサテライトは，クラスターを形成しており，クラスターの長さは25塩基対以下の反復単位から成り，20 kb以上にもなる．ミニサテライトDNAクラスターの多数は，染色体の末端（テロメア）近くに存在する．一方，マイクロサテライトは，通常4塩基対かそれ以下の反復単位であり，クラスターの長さは通常150塩基対以下である．マイクロサテライトはゲノム全体に散在する反復配列である．たとえば，ヒトでは，全染色体の2,335か所に5,264個存在する（解析技術の限界からサテライト数が場所数を上回っている）．そのうち，5′-ACACACACACAC-3′配列を持つAC/TG型マイクロサテライトは，すべての染色体上に1Mb（メガベース＝1,000 kb）ごとに5～6個と高密度に散在し，しかも，5～6種類の対立遺伝子が存在する．これらのサテライトDNAの機能については，よくわかっていないが，塩基配列の豊富な多型が連鎖解析の際のDNAマーカーとして利用されている（第7章図7-1参照）．

4.2 遺伝子構成の特異例

4.2.1 重なり合った遺伝子

大腸菌のバクテリオファージφX174のD遺伝子とE遺伝子は，mRNAが異なった読み枠で翻訳され，両者のタンパク質のアミノ酸配列は異なる（図4-2）．このような遺伝子の重なりは，ミト

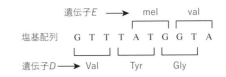

図 4-2　重なり合った遺伝子の例
（バクテリオファージφX147遺伝子）

高等生物の核ゲノムにはきわめて少ないが，ヒトを含むいくつかの動物種のミトコンドリアゲノムに存在する．

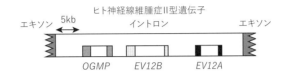

図 4-3　遺伝子内遺伝子の例

OGMP，*EV12B*，*EV12A* 遺伝子は，それぞれエキソンとイントロンから構成されている

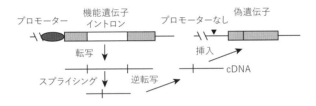

図 4-4　偽遺伝子のできる例

通常の偽遺伝子は，機能遺伝子が変異の蓄積により不活性化したものである．一方，機能遺伝子の mRNA が逆転写され，cDNA の状態でゲノムに挿入された偽遺伝子も存在する．

コンドリアゲノムでその存在が確認されている．

4.2.2　遺伝子内遺伝子

ある遺伝子が他の遺伝子のイントロン内に存在することがある（図4-3）．このような遺伝子を遺伝子内遺伝子と言い，核ゲノム内で比較的よく見られる．

4.2.3　偽遺伝子

偽遺伝子は，機能（発現）していない遺伝子コピーで，それが生じるメカニズムには2通りある．第1は，機能する遺伝子内に回復不能な変異が蓄積され不活性化した場合である．第2は，機能遺伝子からの mRNA が，何らの原因で内在レトロウイルスの逆転写酵素により逆転写されて生じた cDNA がゲノムに挿入された場合である．この DNA は，上流や下流にプロモーターなどの転写単位の配列が存在しないために機能（発現）しない（図4-4）．

第5章

染 色 体

染色体は遺伝子の担い手であり，かつ遺伝子（DNA）を均等に配分する．

5.1 染色体の形成と種類

染色体は，細胞周期の有糸分裂期に形成される（図5-1）．個々の染色体は，1本の非常に長い線状のDNA分子とそれに結合したタンパク質から構成され，DNAが包み込まれ圧縮された構造になっている（図5-2）．核DNAとタンパク質の複合体をクロマチン（chromatin，染色質）と呼ぶ．DNAに結合して染色体を形成するタンパク質は，ヒストンタンパク質と非ヒストンタンパク質に大別される．染色体には，DNAを包み込む役割を持つヒストンタンパク質のほかにも遺伝子の発現，DNAの複製，DNAの修復などの過程に必要な多くの種類のタンパク質が結合している．いわゆるタンパク質をコードする遺伝子のほとんどは，DNAの密度が低い真正クロマチンに存在し，クロマチンが凝縮したヘテロクロマチンには単純な反復配列（図5-2）が多く存在する．

5.2 染色体の構造

個々の染色体は，セントロメアの位置によって形態的に4種類に大別される（図5-3）．染色体の構造は，紡錘糸の付着する着糸点をセントロメアと言い，これを境にして腕の短い方を短腕（p），長い方を長腕（q）という．また，染色体の種類によっては，短腕に付随体（サテライト）という突起物がある．染色体を有糸分裂前期から中期の凝縮が不完全な状態にある時期に各種の色素で染色す

ると，さまざまなバンドのパターンが観察される（図5-4）．染色体上にある遺伝子座の位置は，短腕と長腕の区別，領域番号，バンドの番号の順で表す．たとえば，1p36（さんろくと呼ぶ）は，第1染色体の短腕で領域3のバンド6の位置を示す．

5.3 染色体と核型

哺乳類では，生殖細胞と一部の細胞（赤血球など）を除くすべての細胞には，母親由来（卵子）の染色体と父親由来（精子）の両性で区別のつかない常染色体（autosome）からなる1対の相同染色体（homologous chromosome）が存在する．一方，性染色体（sex chromosome）は，雌では相同のX染色体が対をなしているのに対して，雄では非相同のY染色体とX染色体が対をなしている．これに対して，生殖細胞である卵子や精子の染色体数は，2回の減数分裂を経た後に単数体（haploid，n）となる．生殖細胞以外のすべての細胞は，2倍体（diploid，2n）である．したがって，雌雄の染色体数はそれぞれ2n+XXまたは2n+XYと表す．すべての染色体を大きさの順に並べたものを核型（karyotype）と呼ぶ．核型は生物種で異なり，種を特定する上で重要な指標となる（表5-1，図5-5）．

5.4 染色体とゲノム

動物の細胞に含まれる核ゲノム（核DNA）は，1セット（2n）の染色体（chromosome）に包み込まれている．染色体の重要な役割は，遺伝子の本体である核ゲノムを娘細胞へ分配することである．

5.4 染色体とゲノム

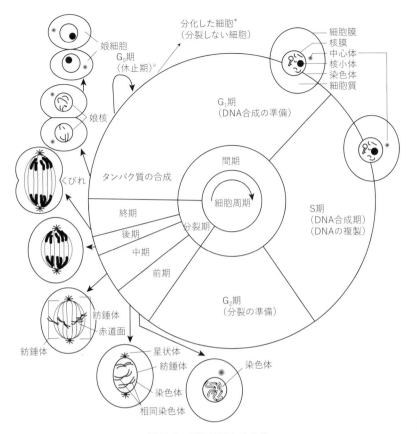

図 5-1 細胞周期と染色体

細胞周期は間期と分裂期（M期）からなる．＊：分化した細胞は，分裂しないで細胞特有のタンパク質を生産する．たとえば，乳腺上皮細胞は分化すると，各種の乳汁タンパク質を生産する．a：細胞外からの刺激を受けとると細胞分裂を再開する．（東條英昭・奈良岡準，図説基礎動物生理学，アドスリー，2006）

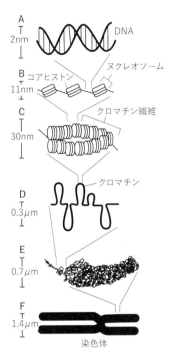

図 5-2 DNA 二重らせん構造から染色体までの過程

A：ヌクレオソームで構成されたクロマチン繊維，D：染色体の一部がほどけた状態，E：凝縮した染色体の一部，F：有糸分裂期の染色体

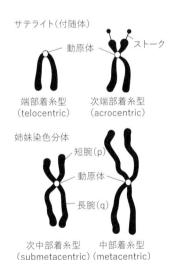

図 5-3 哺乳類の染色体の種類と各部の名称

マウスやウシの染色体は端部着糸型のみである．ヒトの染色体は端部着糸型以外の3種類の染色体で構成されている．
（東條英昭・佐々木義之・国枝哲夫，応用動物遺伝学，朝倉書店，2007）

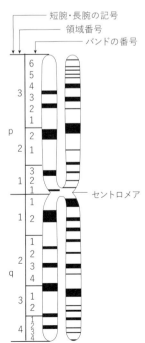

図 5-4 分染法による染色体のバンド模様と領域名称

ヒト第1染色体の異なった染色法によるバンドを示す．姉妹染色分体 (sister chromatid) の左側が分裂中期の染色体を染めたもので，右側が分裂前期に染めたもの．この図は，両染色法で別々に染めた染色体試料の姉妹染色体を合成してある．実際は，中期の染色体に比べ，前期のものがはるかに長く，細い．黒い部分はキナクリンマスタード（Q-バンド）およびギムザ（G-バンド）で染色された領域．白い部分は逆ギムザ染色法によりギムザで染色されない領域．斜線部位は染色が一定でない領域．染色体の領域番号はセントロメアを中心に，近い部位から番号を付ける．バンド番号の領域は，さらに区分されている場合がある．例：6 → 6.1 〜 6.3．したがって，ヒト第1染色体 p 腕の先端領域は 1p36（サンロク）.1と表示する．
（東條英昭・佐々木義之・国枝哲夫，応用動物遺伝学，朝倉書店，2007）

第5章 染色体

表 5-1 各種動物の染色体数

動物種	染色体数(2n)
ヒト	46
チンパンジー	48
ウシ	60
ヒツジ	54
ウマ	64
ブタ	38
イヌ	78
ネコ	38
マウス	40
ラット	42
ニワトリ	78
イモリ	24
コイ	100
メダカ	48
キイロショウジョウバエ	8
オホーツクヤドカリ	254
ウマノカイチュウ	2

(中村圭子・松原謙一監訳, 細胞の分子生物学（第4版), ニュートンプレス, 2004, 一部引用)

表 5-2 動物の染色体数とゲノムサイズ

動物種	染色体数(2n)	ゲノムサイズ(Mb)
無脊椎動物		
線虫	12	100
ショウジョウバエ	8	140
脊椎動物		
サンショウウオ	24	90,000
ヒト	46	3,000
マウス	40	3,300
ウシ	60	3,000
ブタ	38	3,000
ニワトリ	78	1,125

Mb = 1,000 kb = 1,000,000 bp (base pairs)
(中村圭子・松原謙一監訳, 細胞の分子生物学（第4版), ニュートンプレス, 2004)

染色体の数と生物の複雑さやゲノムの大きさとは単純に相関していない（表5-2）. たとえば, 植物や両生類の中には, ヒトゲノム（約30億塩基対）よりも30倍大きなものもいる（肺魚：生きた化石). また, 小型のシカであるシナホエジカとインドキョンとは近縁関係にあるが, 染色体数は, それぞれ46本（23対）と6本（3対）と大きく異なる. しかし, ゲノムの大きさには両者間で大差ない. これは, インドキャンは進化の過程で, 別々に存在する染色体が融合したと考えられている. ヒトの染色体中で最大の第1染色体上には, 2.8×10^8 の塩基対が存在し, ヒトゲノム全体の約9.3%を占め, 最小の第22染色体上には, 約4.8×10^7塩基対が存在し, ヒトゲノム全体の1.6%を占める.

ヒトゲノムの塩基配列の解析から, GC含量（GとCがヌクレオチド全体に占める割合）がゲノム全体の平均である41%よりもはるかに少ない領域が存在することがわかった. このGC含量の多少は, 染色体の染色により観察されるバンディングパターン（図5-5）の違いに関係している. 一般にGC含量の多い領域には遺伝子の存在する割合が高い.

図 5-5 ギムザ染色したヒト(H), チンパンジー (C), およびオランウータン(O)の第1染色体の比較
チンパンジーとオランウータンの染色体のバンドパターンは良く一致しているが, ヒトの染色体とかなり異なる.
(東條英昭・佐々木義之・国枝哲夫, 応用動物遺伝学, 朝倉書店, 2007)

第6章
連鎖と組換え

　動物の形質を支配する遺伝子の染色体上の位置がわかれば，ヒト，家畜，伴侶動物などの遺伝性疾患の原因遺伝子の探索や，家畜の経済形質を支配している遺伝子を特定する際にきわめて有効である．

6.1　細胞学的地図と連鎖地図

　染色体上の遺伝子の位置を特定する手段としては，細胞学的地図を作る方法と連鎖地図を作る方法とがある．

　ショウジョウバエの場合は，通常の染色体に比べ100～150倍も大きい唾液腺染色体の縞模様が，染色体の欠失，逆位，転座などの変異によって変化するのが容易に観察できる．したがって，染色した唾液腺染色体を観察し，染色体異常と表現型の変異との関係を調べることにより，特定の形質を支配している遺伝子の染色体上での位置を決定する遺伝子地図を作成することができる．一方，計画的に交配が可能なショウジョウバエやマウスなどの動物では，遺伝子地図の作成は，おもに連鎖解析により行われる．また，計画的な交配が不可能なヒトや計画的交配が困難な家畜などの場合には，家系やDNAマーカー（第14章図14-2参照）を利用した連鎖解析が行われている．

6.2　減数分裂

　連鎖解析を考える際に，遺伝情報を子孫に伝達する生殖細胞における減数分裂の特徴を理解する必要がある．

　減数分裂（miosis）の特徴は，

①生殖細胞が形成されるときに見られる
②連続して2回の細胞分裂（第一分裂と第二分裂）が起こる
③第一分裂で，父方由来の染色体と母方由来の染色体（相同染色体）が対合して二価染色

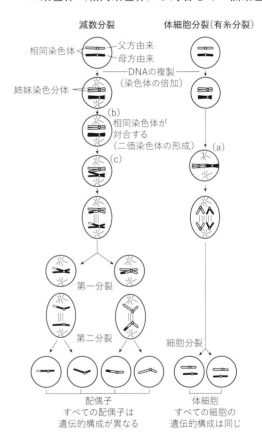

図6-1　体細胞分裂と減数分裂
一対の相同染色体のみを示している．減数分裂では，他の相同染色体間でも同様に，ある頻度で交叉が生じる．
(a)：相同染色体は紡錘体の赤道面に並ぶ前に互いに識別し，全長を接して並び，物理的に結合する（図6-3）
(b)：各染色体は紡錘体の赤道面に並ぶ前に互いに識別し，全長を接して並び，物理的に結合する
(c)：母方の染色分体の一部とこれに相同な父方の染色分体の一部が入れ替わる（交叉，組換え）（図6-3参照）

体(4本の姉妹染色分体から成る)を形成する(図6-3参照).このとき,相同染色体どうしで交叉(交差,乗換え)が起こる.さらに,交叉を起こした染色体を含めすべての母方と父方の相同染色体はランダムな組み合わせで娘細胞(配偶子)に分配される

④第二分裂では染色体は DNA の複製なしに細胞分裂する.その結果,染色体数が半数(n)でしかも染色体構成の異なった生殖細胞が生じる(図6-1)

6.3 連鎖と染色体交叉

2対の対立遺伝子が同一の相同染色体上に存在する場合,2対の遺伝子は一組のものとして減数分裂時に同じ配偶子に分配され(独立の法則に従わない),この2つの遺伝子は連鎖(linkage)の関係にあるという(図6-2).また,同一染色体上に存在するこれらの遺伝子群を連鎖群と言い,その数は染色体の半数(n)に等しい.

一方,同一の染色体上の遺伝子であっても,常に一組の遺伝子として行動するわけではなく,減数分裂で相同染色体が対合して分離するときに,ある頻度で相同染色体の一部が交叉し相互に交換されることがある(交叉または乗換え)(図6-3).

このため,遺伝子の連鎖が切れて新しい組み合わせができる.これを組換えという(図6-4).遺伝子の連鎖は,組換えによって一定の割合で,その組み合わせを変える.たとえば,ヒトの染色体では,各対の平均2.3か所で交叉が起こると推定されている.

6.4 検定交雑と組換え価
6.4.1 検定交雑

顕性形質を持つ個体の遺伝子型にはホモ接合体(例:AA)とヘテロ接合体(例:Aa)とがあり,表現型からでは区別がつかない.顕性形質を持つ個体の遺伝子型は,被験個体を潜性ホモ接合体(例:aa)に交雑(検定交雑)することによって知ることができる.すなわち,検定交雑で生じる子の表現型は,被験個体の配偶子の遺伝子型の種類と比率を直接示す.さらに,F_1における配偶子の遺伝子の分離比(図6-5)はF_2における表現型の分離比に等しいことから,F_1をヘテロ接合体に戻し交配して得られるF_2の表現型の分離比を調べることにより,染色体交叉の頻度,すなわち組換えの頻度(組換え価)を知ることができる.このような交配方式を三元交雑といい,後述する連鎖解析を行う際の基本となる.

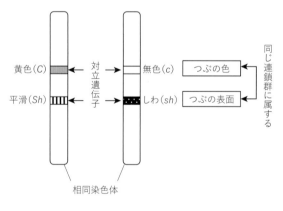

図6-2 トウモロコシの殻粒(つぶ)の色と表面の性状を支配する2対の対立遺伝子が連鎖している例

2対の対立遺伝子が完全連鎖している場合,減数分裂の際に黄色と平滑,無色としわは常に一組のセットで配偶子に分配される(独立の法則に従わない).( )内は遺伝子記号.

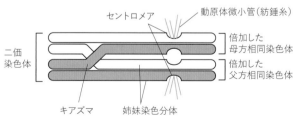

図6-3 減数分裂時に形成された二価染色体

各対の姉妹染色分体は全長にわたって密着し,セントロメアで結合している.染色体交叉が生じた箇所をキアズマという.

6.4 検定交雑と組換え価

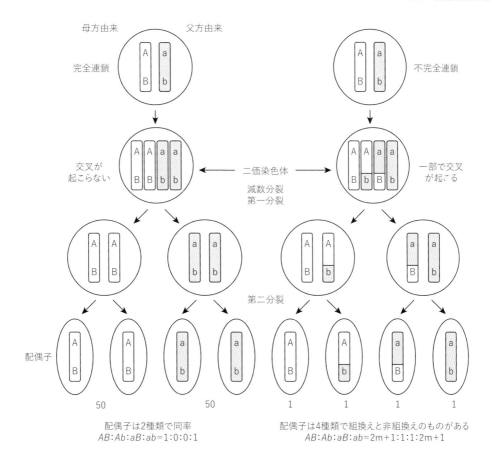

図 6-4 完全連鎖と不完全連鎖

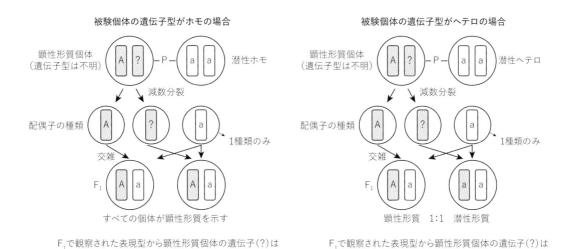

図 6-5 検定交雑による顕性形質をもつ個体の遺伝子型の解析（一遺伝子雑種）
顕性形質の個体の遺伝子型は，ホモ接合体である場合と，ヘテロ接合体である場合がある．それを調べるために，潜性ホモ接合体と交雑することを検定交雑という．

6.4.2 組換え価

組換え価は，組換えの起こりやすさを数値化したもので，（組換えを起こした配偶子の数／F_1の全配偶子の数）× 100 となる．しかし，配偶子の遺伝子は見えないので，実際には検定交雑を行い子孫で現れる表現型の分離比を基にして求める．すなわち，組換え価（％）は，（組換えによって生じた個体数／検定交雑によって生じた全個体数）× 100 となる（図6-4）．したがって，組換えの大きさは，完全連鎖の場合は0％，独立遺伝の場合は50％，不完全連鎖の場合は0％〜50％の間にある．

6.5 連鎖地図の作成

組換え価は，遺伝子間の距離に比例すると考えられ，理論的には遺伝子間の距離が大きいほど組換え価も大きくなる．このことを利用して，組換え価から遺伝子の染色体上での位置関係を求めることができる．

組換え価を基にして連鎖地図を作る手順は，

① 同じ連鎖群に属する形質の遺伝子は，同じ相同染色体上にあることから，調べようとする遺伝子（形質）が同一染色体上に存在することを確認する．すなわち連鎖の有無を調べる

② 同じ連鎖群に属する3対の形質について検定交雑を行い，組換え価を計算する

③ 組換え価が遺伝子間の距離に比例するとして，遺伝子の配列を決める

④ 2と3（三点交雑）を繰り返して，連鎖群全体の遺伝子の配列を決める

⑤ 染色体の構造を考えて補正する

ここで，古くから連鎖解析が確立されているキイロショウジョウバエを例に，組換え価を基に黒体色（b）・紫色眼（v）・こん跡ばね（p）を支配する遺伝子間の距離や配列を決定する過程を図6-6〜図6-9に示した．このように，組換え価を調べて，

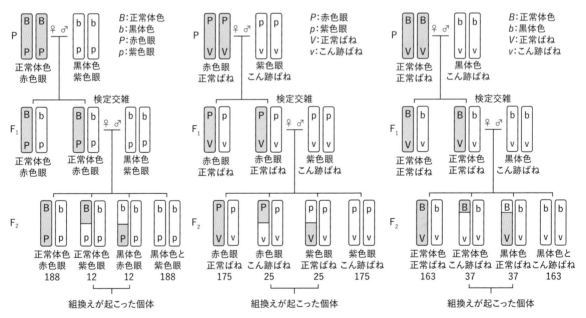

図 6-6 キイロショウジョウバエの体色と眼色に関する検定交雑

図 6-7 キイロショウジョウバエの眼色とはねに関する検定交雑

図 6-8 キイロショウジョウバエの体色と眼色に関する検定交雑

いろいろな遺伝子の位置関係を直線上に示したものを連鎖地図（linkage map）という．なお，交叉の起こる頻度は染色体すべての領域で均一でなく，組換え率は遺伝子間の距離よりも高くなる傾向がある．また，哺乳類では，雌が雄に比べて組換え率は高くなることが知られている．したがって，連鎖地図と前述の細胞学的地図を比較すると遺伝子の配列順序は一致するが，遺伝子間の距離は必ずしも一致しないので，染色体の構造を考慮した補正が必要である．なお，減数分裂1回当たり，相同染色体間に平均1回の交叉が起こる遺伝子間の距離を1モルガン（M，Thomas Hunt Morganの名に由来）と定義し，その100分の1が1センチモルガン（cM）である．また，1cMは2つの遺伝子間の組換え価（率）1%に相当し，1,000 kbp（100万塩基対）の距離に相当する．1%以下の組換え価に位置する2遺伝子間では，ほとんど組換えが生じないと考えられている（完全連鎖）．

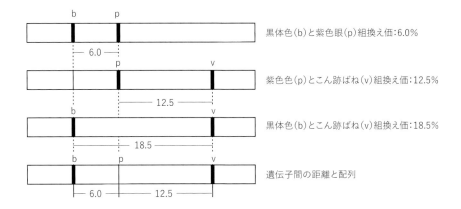

図 6-9　三点交雑で得られた組換え価からの連鎖地図の作成
図 6-6 〜図 6-8 の組換え価から連鎖している3つの遺伝子の距離と配列が決まる．組換え価 1%は 1,000kbp（100万塩基対）に相当する．

第7章 変異

7.1 DNA レベルと染色体レベルの変異

変異（mutation）は，親の世代に見られなかった新しい形質がある個体に突然現れ，その形質が次世代に遺伝する現象である．変異は生物の生殖細胞の遺伝情報に生じた変異を指し，体細胞の遺伝情報に変異が生じても，その変異は次世代に伝わることはない．体細胞で生じた変異を体細胞変異と言い，その一例が体細胞のがん化である．

動物の表現型（形質）に見られるさまざまな多様性（遺伝的変異）は，繰り返し生じたさまざまな変異の蓄積が現れた結果である．一方，個体の形質（表現型）にまったく現れない変異も存在する．変異には，DNA レベルの変異と染色体レベルの変異（図 7-1）がある．

7.2 変異 DNA

DNA の重要な役割は，遺伝情報を発現することにより細胞の特性を決定すると同時に，細胞分

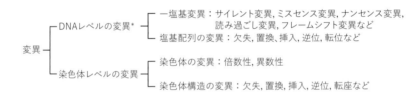

図 7-1 変異の種類と規模
＊：DNA の変異が集団中に 1% 以上の頻度で存在する場合，DNA polymorphism（DNA 多型）という（p.45 参照）

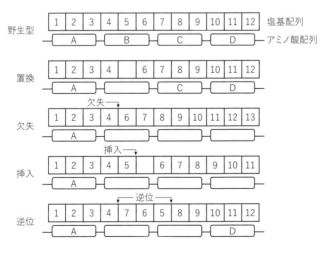

図 7-2 塩基配列の変異とアミノ酸配列の変化
　　　　□は，変化したアミノ酸

裂の際にゲノムを正確に複製し娘細胞に等しく分配（DNAの半保存的複製）することである．しかし，この遺伝情報にさまざまな要因により変異が生じることがある．DNAの塩基配列に変異を生じさせる要因には，変異原性の化学物質や放射線，紫外線などの作用と一定の頻度で起こるDNA複製の誤りがある．

7.1.1 塩基配列の変異

DNAの変異には塩基の置換，欠失，挿入，逆位があり（図7-2），また，DNAの複製時の誤りでは，塩基配列に一塩基の変異（点変異）が生じることがある（図7-3）．

a 遺伝子の翻訳領域の変異

遺伝子内のタンパク質をコードする翻訳領域の塩基配列に変異が生じた場合，配列上のどのような部位で，またどのような規模で変異が生じたかにより，現れる現象が異なる．3個の塩基（トリプレット）が1つのアミノ酸に対応するコドンの変化，すなわちアミノ酸の変化につながらない場合には，遺伝子の機能に影響を与えない．一方，3の倍数でない塩基数の挿入や欠失があった場合には，アミノ酸配列に影響する．たとえば，一塩基変異（point mutation）が生じた場合，コードするアミノ酸が変わらない同義変異（サイレント変異），アミノ酸が別のアミノ酸に変わる非同義的変異（ミスセンス変異），あるアミノ酸をコードしていたものが終止コドンに変わるナンセンス変異，終止コドンであったのがアミノ酸をコードする読み過ごし（リードスルー）変異に分かれる（図7-4）．また，複製時の誤りが原因で一塩基の挿入

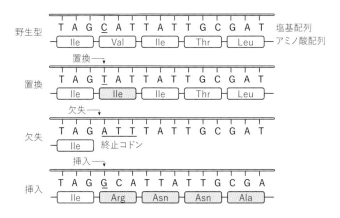

図7-3　一塩基の変異とアミノ酸配列の変化の例

一塩基の変異により，その部分からアミノ酸を指定するトリプレット（3塩基）が1つずつずれて，アミノ酸の配列が変化する．このような変化が起こると，合成されるタンパク質も大きく変化する．下線は変異した塩基を示す．

▨：野生型のアミノ酸から変化したアミノ酸

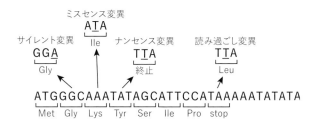

図7-4　一塩基変異の影響

下線は変異した塩基を示す．読み過ごし変異は，配列の終止（stop）を飛び越して，遺伝子の読み枠を延長してしまう．変異によって生じたロイシン（Leu）・コドンは，さらに延長しAAA（Lys），TAT（Tyr），ATA（Ile）と続く．

第7章 変異

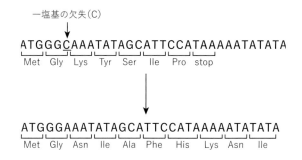

図7-5 一塩基欠失によるフレームシフト変異の例
一つの塩基の欠失により読み枠のずれ（フレームシフト）が生じ，欠失塩基の下流のコドンが変わってしまう．この例では，終止コドンが喪失し，読み過ごし変異が起きている．塩基配列の状態によっては，一塩基挿入の場合にもフレームシフトが生じる．

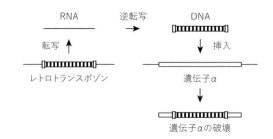

図7-6 レトロトランスポゾンの挿入による遺伝子の破壊
レトロトランスポゾン由来のDNAが遺伝子内に挿入されるとその遺伝子は分断され，機能を失う．

や欠失により，フレームシフト（読み枠変異）が生じた結果，アミノ酸をコードする読み枠（翻訳）が変わり，アミノ酸配列が変化する場合がある（図7-5）．さらに，イントロンとエキソン（第3章図3-1参照）の境で塩基の変異が生じると，転写されたRNAのスプライシングの異常をもたらし，その結果，翻訳されないことになる．

b 非翻訳領域の変異

翻訳領域以外の遺伝子の発現を調節する領域，すなわちプロモーターやエンハンサーなどの遺伝子発現調節領域に変異が生じると，それらの領域に結合するさまざまな転写因子の結合状態に影響し，その結果，遺伝子の発現（転写）が，消失あるいは変化することがある．

7.1.2 DNAの変異と形質

DNAの塩基配列上に生じた変化のすべてが個体の形質（表現型）の変化につながるわけではなく，事実，哺乳類では，タンパク質を合成する遺伝子の総塩基数が全ゲノムに占める割合は数％にすぎない．このように，ゲノム上のほとんどの塩基配列（ヒトで約97％）は特定の機能を持たないため，これらの塩基配列上に起こった変異は何ら遺伝子の機能に影響を及ぼさない．一方，アミノ酸配列に変化を与えるような塩基配列に変異があった場合には，タンパク質の機能に影響を与え，個体の形質の変化につながる可能性がある．たとえば，あるタンパク質のアミノ酸配列を動物種間で比較したときに，その配列が高度に保存されていた場合，そのタンパク質にとって重要なアミノ酸配列，すなわち，重要な塩基配列である可能性が高い．したがって，ゲノムDNAの塩基配列に生じた変異のごく一部が個体の表現型の変化をもたらし，生物的に意義を持つ変異として扱われる．

このように，塩基配列における変異はさまざまな規模で生じており，小規模な塩基配列の変異（1～数千塩基）と比較的に規模の大きな変異とが

7.3 DNA 多型

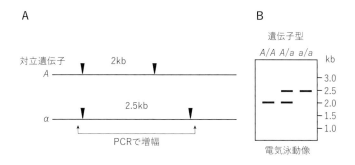

図 7-7 PCR 法を利用した DNA 変異の検出
A：PCR で DNA を増幅する範囲と特定制限酵素の認識部位（▼）
B：各 DNA 断片（バンド）は，PCR で増幅した DNA を制限酵素で処理し，アガロース電気泳動後，エチジウムブロマイド（EtB：核酸染色剤）で染色すれば検出できる

見られる．とくに，放射線や紫外線などの物理的な作用や変異原性の化学物質が作用した場合には，DNA に大きな規模で変異が生じる可能性が高い．また，ゲノム上を転移するトランスポゾン配列（転移因子）が存在し，このトランスポゾンの移動が正常な遺伝子の機能を欠損させる場合がある（図7-6）．

7.3 DNA 多型

DNA の変異が，個体の毛色や繁殖性のような形質に影響する場合もあれば，個体の表現型（形質）にまったく影響せず，単なる塩基配列の違いにすぎない場合がある．哺乳類のゲノムには，遺伝子の機能に影響しない変異が長大な時間に蓄積することによって，数十～数千塩基を単位とする繰り返し配列（散在性反復配列）がゲノム全体にわたり散在する．また，ゲノム上には遺伝子として機能しない無規則な塩基配列が多数散在する．このような DNA の変異が生物の集団中に一定以上（一般に 1% 以上）の頻度で存在する場合，これを DNA 多型（DNA polymorphism）という．DNA 多型には，一塩基多型（Single Nucleotide Polymorphism, SNP），挿入/欠失多型（Insertion/deletion polymorphism, InDel），繰り返し配列多型（Variable Number of Tandem Repeat polymorphism, VNTR）や短鎖縦列繰り返し配列多型（Short Tandem Repeat polymorphism, STR）などのコピー数多型（Copy Number Polymorphism, CNP）がある．また，特定の制限酵素が DNA の塩基配列の違いを認識して切断するかどうかで検出できる（図7-7）．DNA 多型を，RFLP（restriction fragment length polymorphism, 制限酵素断片長多型）という．RFLP は，連鎖地図の作成やマーカーアシスト選抜（第9章 p.75 参照）の有効な DNA マーカーとして利用されている．

また，マイクロサテライト DNA は反復の回数に変異が生じやすいためにマイクロサテライトマーカーあるいは SSR（Simple Sequence Repeat）マーカーと呼ばれる多型マーカーとして利用されている．この場合も，特定の制限酵素による DNA の切断パターンの違いで検出できる．

7.4 染色体レベルの変異

生体の生殖細胞に強い紫外線，放射線や変異原性の化学物質が作用した場合，染色体の数や構造に部分的な異常を誘起することがある．

7.4.1 染色体数の変異

染色体数の変異には，倍数性（polyploidy）や異数性（aneuploidy）がある．植物では，六倍体（6n）のパンコムギが栽培種として利用されており，また，不稔（栄養生殖）であるが，四倍体（4n）のブ

第7章 変　異

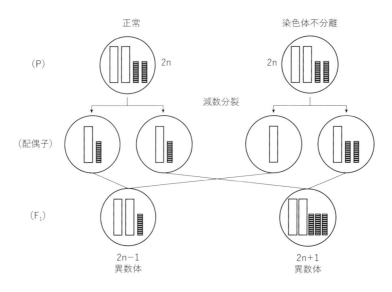

図7-8　染色体不分離
細胞分裂の際, 染色体が均等に分離しないで娘細胞が(配偶子)に移動することを,
染色体不分離という. これにより, 染色体の数が異常な異数体が生じる

ドウの巨峰や三倍体 (3n) のバナナが栽培されている. 哺乳類や鳥類などでは, 染色体の倍数性は発生致死性であるが, 生殖細胞の減数分裂の際に染色体の不分離 (図7-8) が生じ, 一部の染色体の数が異なる異数性が知られている. ヒトでは, 性染色体の異数性であるXXX型 (外見正常, 卵巣正常, 妊娠可能), XO型 (ターナー症候群：外見女性型, 卵巣発育不全), XXY型 (クラインフェルター症候群：外見男性型, 無精子症, 女性型乳房), XYY型 (男性型, ほぼ正常) などが確認されている. また, 常染色体の異数性では, ヒトの第21染色体が3本存在するトリソミー (trisomy, 三染色体性) が原因のダウン症候群 (脳機能の障害など) が知られている.

7.4.2　構造的な変異

生体に変異原性の化学物質や強い紫外線や放射線などが作用すると, 二本鎖DNAの切断を誘起し染色体の切断を引き起こすことがある. 二本鎖DNAに切断が生じた時には通常再結合するような修復機構が働くが, 複数の切断が生じた場合には, 正常に修復されずに染色体の構造に部分的な異常が生じることがある. このような構造異常には, 染色体の一部が失われる欠失 (deletion), 染色体の一部が過剰に存在する重複 (duplication), 染色体の一部の方向が逆転する逆位 (inversion) (図7-9), 染色体の一部が他の染色体の一部と入れ替わる転座 (translocation) (図7-10) などが知られている. ヒトのネコ鳴き症候群 (子ネコのような泣き声, 心身の発育不全) は第5染色体の短腕が欠失したことが起因している. また, セントロメアが染色体の末端にあるような2本の染色体 (端部着糸型, 図7-10) の末端部でそれぞれ切断が起こると, 両者の長腕どうしが融合し1本の中部あるいは次中部着糸型染色体 (図5-3参照) になる場合があり, これをロバートソン型転座 (Robertsonian translocation) (図7-10) という. この場合, 両染色体の重要な働きを持つ長腕どうしが保存されているため, 表現型には影響しない.

さらに, 生殖細胞の減数分裂の際に, 相同染色体間で不等交叉 (不等交差, 不等乗換え) が起こり, 染色体構造に変異の生じることがある. この場合, 片方の相同染色体で遺伝子が失われ, 片方の相同染色体では遺伝子が重複する現象が起こる (図7-11).

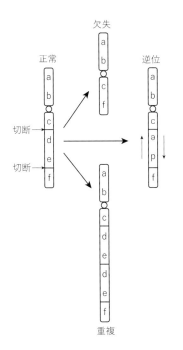

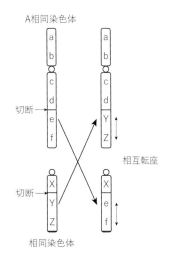

図 7-10　異なった染色体間での相互転座
異なった2本の非相同染色体で切断が生じ，互いに相手を変えて結合する

図 7-9　染色体の切断と構造異常
同一染色体の2ヵ所で切断が起こると，染色体の構造にいろいろな異常が生じる

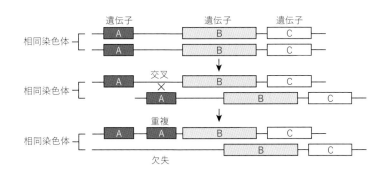

図 7-11　染色体不等交叉による遺伝子の重複と欠失
相同染色体間で不等交叉が起こると，片方の染色体ではA遺伝子が重複し，もう片方の染色体ではA遺伝子が欠失する．不等交叉する部位の違いによりさまざまな異変が生じる

7.5　変異と遺伝性疾患，そして進化

　ヒト，家畜，実験動物および伴侶動物に見られる遺伝性疾患のほとんどは，生殖細胞に生じたDNAレベルや染色体レベルの変異が起因している．ヒトでは，9,000近い種類の遺伝性疾患が，イヌでは約900種類，ネコでも150種類以上の遺伝性疾患が確認されている．そのうち，実験動物の場合には，遺伝性疾患動物（ミュータント）は ヒトの疾患モデルとして利用する目的から，積極的に選抜されるために種類が多く，とくに，マウス，ラットでは多くのミュータントが開発・維持されている．これらに対して，家畜では，疾患発症個体は基本的に淘汰されることから，前記の動物種に比べはるかに少ないが，それでもこれまでに多数の遺伝性疾患が確認されている（第9章 p.77 参照）．

第 7 章 変　　　異

このように，変異は動物にとって遺伝性疾患のような負の影響をもたらす一方，長大な時間に蓄積されたさまざまな変異は，生物の多様性と進化にとって重要な源泉であることはいうまでもない．

なお，進化のもう 1 つの大きな原動力は，生殖細胞の減数分裂の際に相同染色体間で生じる染色体交叉と相同染色体が任意な組み合わせで娘細胞（配偶子）に分配される機構である（第 6 章 連鎖と組換えを参照）．すなわち，減数分裂の第一分裂の際に染色体交叉を起こした母方と父方の相同染色体が任意な組み合わせで配偶子に分配されるので，それぞれの配偶子が母方と父方の染色体をいろいろな組み合わせでもつことになる．これだけでも 1 つの個体から異なった染色体の組み合わせを持つ配偶子が $2n$ 種類（n は一倍体の染色体の数）を生じることになる．たとえば，ヒトでは 1 個体から形成される配偶子の染色体構成は $2^{23} = 8.4 \times 10^6$ 種類となり，これに染色体交叉という第 2 の多様性を生む現象が加わる．さらに雌雄配偶子の受精により，染色体の組み合わせの種類は $2^{23} \times 2^{23}$ となる．これらの染色体構成の多様性に加えて，前述したさまざまな DNA レベルや染色体レベルの変異が生じると，両親から生まれる子が持つ遺伝学的な多様性は天文学的な数字となる．このように生じた膨大な遺伝的多様性が自然選択（自然淘汰）を含むさまざまな選択を受けることにより進化が進むと考えられる．

第8章

動物の育種

8.1 動物の交配と選抜

　動物の雌雄を交配し子(後代)を得ようとする場合，それらの個体がどのような動物種に属するのか，すなわち，家畜，実験動物，伴侶動物により，また，どのような目的（意図）で子を得るのかによって交配方法が大きく異なる．

　交配の方法は，大きく分けて無作為（任意）交配（random mating）と作為交配（non-random mating）に分類される（図8-1）．また，作為交配には，雌雄間の遺伝的構成の違いによりさまざまな交配方法（mating system）がある（図8-2）．

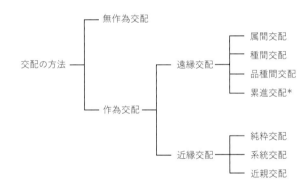

図8-1　動物における交配方法
＊．ある品種(系統)に別の品種(系統)の特定の遺伝的形質を導入したり，未改良の在来種に近代的品種（雄）を数世代に渡って交配を繰り返すことにより遺伝的改良を図る交配法（第9章9.3.1.5を参照）

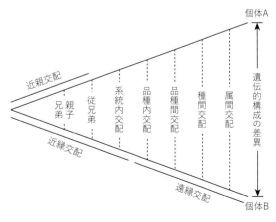

図8-2　遺伝的構成の差異に基づいた交配(西田，1955)

8.1.1 無作為交配

無作為交配は，比較的大きな動物集団の中から無作為（任意）に雌雄の個体を選び交配させる方法をいう．この方法は，交配に供する雌雄の遺伝的構成を考慮せず，実際には，乱数表などを用いて動物集団の中から任意に雌雄を選び交配させる．この場合，動物集団中の雌雄は等しい確率で交配の機会を持つことになる．

8.1.2 ハーディ‐ワインベルグの法則

この法則は，イギリスの数学者 Hardy とドイツの医師 Weinberg により，1908 年に独自に見出されたことから，ハーディ‐ワインベルグ（Hardy-Weinberg：HW）の法則といわれる．HW の法則が成立する条件は，

①集団内の個体数が十分に大きい（遺伝的浮動がない）

②任意交配である

③他の集団との間で個体の流出や流入がない（遺伝子の流動がない）

④変異（第 7 章参照）が起こらない

⑤遺伝子型や表現型の違いによる選抜や淘汰がない

ことである．

以上の条件を満たした集団で無作為交配が何世代にもわたって継続された場合には，HW の法則に従い，その集団における遺伝子頻度（遺伝子プールに占める対立遺伝子の割合）や遺伝子型頻度（遺伝子型の総数に占める特定の遺伝子型の割合）は一定である．このような状態を

ハーディ‐ワインベルグ平衡（Hardy-Weinberg equilibrium：HWE）という．なお，この法則は対立遺伝子が 2 つ以上ある場合も有効である．無作為交配を行うおもな目的は，集団内の遺伝子頻度を変えないことにある．アメリカやカナダでは卵用鶏（レイヤー）や肉用鶏（ブロイラー）において無作為交配が実施されている．

8.1.3 HW の法則の意義と HW 平衡

a HW の法則の意義

集団遺伝学や生態学などの研究や生物種レベルでの分類学の研究において，集団内や集団間で起こる遺伝子の流入や流出の状況を知ることは重要である．そのためには，HW の法則の意義を理解することが不可欠である．

ある動物集団で得た遺伝子頻度の実測値を HW の法則の理論値と統計学的に比較することは，その動物集団における遺伝的構成の様相を知る上で有効である．たとえば，ヘテロ接合体の頻度が HW の法則の理論値よりも有意に小さい結果が得られた場合，その集団において遺伝的近交度が進んでいることを示唆している．

b HW 平衡の検定

前記のショートホーンの集団において，毛色（対立形質）の分離比が表 8-1 の結果であった場合の HWE を検定する．

対立遺伝子 R_1 の遺伝子頻度 p および R_2 の遺伝子頻度 q は，前述した計算からそれぞれ以下のように算出できる．

表 8-1　ショートホーンの毛色の遺伝子数と遺伝子型

	遺伝子型	個体数	遺伝子の数		
			R_1 遺伝子	R_2 遺伝子	合　計
赤毛	R_1R_1	20	$20 \times 2 = 40$	0	40
かす毛	R_1R_2	50	50	50	100
白毛	R_2R_2	30	0	$30 \times 2 = 60$	60
合計		100	90	110	200

$$p = \frac{2(R_1R_1) + (R_1R_2)}{2\{(R_1R_1) + (R_1R_2) + (R_2R_2)\}}$$

$$= \frac{2 \times 20 + 50}{2 \times (20 + 50 + 30)}$$

$$= \frac{90}{200} = 0.45$$

また，遺伝子 R_2 の遺伝子頻度 q は，

$$q = 1 - p = 1 - 0.45 = 0.55$$

となる．

一方，HWE の期待値（E）は，

$$E\,(R_1R_1) = p^2 \times 総数（n）$$
$$= 0.45^2 \times 100 = 20.25$$
$$E\,(R_1R_2) = 2pq \times n$$
$$= 2 \times 0.45 \times 0.55 \times 100$$
$$= 49.50$$
$$E\,(R_2R_2) = q^2 \times n$$
$$= 0.55^2 \times 100 = 30.25$$

となる（表 8-2）．

つぎに，遺伝子頻度の実測値と HWE の期待値との間で，統計学的に有意差があるかどうか，ポアソンのカイ二乗（χ^2）分布検定を行う．すなわち，帰無仮説：観察度数は，期待度数に適合する（この牛群は HW の法則に従っている）．

$$\chi^2 = \sum \frac{（観察度数\,i - 期待度数\,i）^2}{期待度数\,i}$$
$$= \sum \frac{(\mathrm{O} - \mathrm{E})^2}{\mathrm{E}}$$

である．個々の期待値は，

$$\frac{(20 - 20.25)^2}{20.25} = 0.003,$$

$$\frac{(50 - 49.5)^2}{49.50} = 0.005,$$

$$\frac{(30 - 30.5)^2}{30.25} = 0.008$$

となり，

総和 = 0.003 + 0.005 + 0.008 = 0.016

となる．

自由度は 1（HWE 検定では遺伝子型数 − 対立遺伝子数，3 − 2 = 1）．自由度 1 で危険率 5 ％となるのは，χ^2 分布表の χ^2 値が 3.841 のときで，算出された χ^2 値（0.016）は，それより小さいことから HW の法則に従っているという帰無仮設は棄却されない．すなわち，この牛群は HW の法則に従っていると結論される．言い換えれば，この牛群では，無作為交配（任意交配）が維持されているといえる．

c　遺伝子頻度

遺伝子頻度（gene frequency）とは，前記の条件を満たした集団に存在する全遺伝子数に占める特定の対立遺伝子の相対的な割合（頻度）を指す．

たとえば，ウシのショートホーン種が 100 頭の集団中に，赤毛（遺伝子型：R_1R_1）が 20 頭，かす毛（R_1R_2）が 50 頭，白毛（R_2R_2）が 30 頭であったとする．この集団における毛色を支配する対立遺伝子 R_1 と R_2 の遺伝子頻度を，それぞれ p, q（$1 - p$）とすると，表 8-1 から，

$$p\,(R_1) = \frac{(20 \times 2 + 50)}{200} = \frac{90}{200} = 0.45$$

$$q\,(R_2) = \frac{(50 + 30 \times 2)}{200} = \frac{110}{200} = 0.55$$

$$（p + q = 1）$$

となる．

d　遺伝子型頻度

遺伝子型頻度（phenotype frequency）とは，ある集団中における特定の遺伝子型を持つ個体の数が総個体数に占める割合（頻度）をいう．

前記ショートホーン種の牛群における赤毛（R_1R_1），かす毛（R_1R_2），白毛（R_2R_2）の遺伝子型頻度をそれぞれ P，H，Q とすると，表 8-2 から，

第 8 章　動物の育種

表 8-2　遺伝子型頻度とその期待値

	遺伝子型	個体数	遺伝子型頻度	遺伝子型頻度の期待値(頭数)
赤色牛	R_1R_1	20	P : 0.30	$0.45^2 \times 100 = 20.25$
かす毛牛	R_1R_2	50	H : 0.50	$2 \times 0.55 \times 0.45 \times 100 = 49.50$
白色牛	R_2R_2	30	Q : 0.20	$0.55^2 \times 100 = 30.25$
合計		100	1.00	100

$$P = \frac{20}{100} = 0.20$$

$$H = \frac{50}{100} = 0.50$$

$$Q = \frac{30}{100} = 0.30$$

となる.

　HW の法則の条件を満たして無作為交配が継続された場合, R_1 と R_2 の遺伝子頻度をそれぞれ p, q とすると, 各遺伝子型頻度は,

$$(pR_1 + qR_2)^2 = p^2 R_1R_1 + 2pq R_1R_2 + q^2 R_2R_2$$

となり, 各世代における遺伝子型の分離比は,

$$R_1R_1 : R_1R_2 : R_2R_2 = p^2 : 2pq : q^2$$

となる(表 8-1 参照).

　したがって, 遺伝子頻度 p, q と遺伝子型頻度 P, H, Q との関係は,

$$p = P + \frac{1}{2}H, \quad q = Q + \frac{1}{2}H$$

である.

　なお, 遺伝子頻度や遺伝子型頻度の計算が成立するのは, 顕潜の対立遺伝子の存在が前提であることはいうまでもない.

8.1.4　作為交配

　作為交配は, 無作為交配と異なり, 雌雄個体の遺伝的構成を考慮し, 特定の目的に従って交配する方法をいい, さまざまな交配の方法(mating system)がある(図 8-1, 8-2 参照).

　作為交配は, 交配に供する動物がどのような動物種, すなわち家畜, 実験動物, 伴侶動物に属するかによって異なる. それぞれの動物種における交配については, 後述の「家畜の育種」「実験動物の育種」「伴侶動物の育種」の項で詳しく述べる.

第9章
家畜の育種

　人類が野生動物を家畜化した歴史は古く，紀元前7千年頃に西南アジアの狩猟採取民が野生のヤギやヒツジを捕獲し，自ら増殖・飼育して肉用に利用したのが始まりだったと考えられている．その結果，狩猟に完全に依存しなくても動物性タンパク質を安定的に確保できるようになった．その後，先人は家畜化した動物を増殖・飼育する過程で，試行錯誤的な方法でより生産性の高い，好ましい動物を選抜してきた．18世紀に入るとイギリスを中心とするヨーロッパの人々が家畜や家禽の生産物（乳，肉，毛，皮，卵など）の生産性を積極的に高めようと考え，家畜の改良が意図的に行われた．さらに，近代に入ると家畜の量的形質の遺伝的理論に統計的理論（集団遺伝学）が取り入れられ，遺伝的改良法が科学的に体系化された．とくに20世紀には，人工授精技術などの生殖技術が進展したことから，乳牛の遺伝的改良が飛躍的に進んだ歴史がある．

　ウシが自分の一頭の子ウシを育てるには，離乳時までに400〜500 kg程度の乳量を生産すれば十分であるが，現在のホルスタイン（乳牛）には1回の分娩（1搾乳期間）で2万kg以上（ホルスタインの平均：約8,600 kg／年）も生産するスーパーカウが誕生している．また，ニワトリの祖先種と考えられ東南アジアに生息する赤色野鶏は，年に20個程度しか産卵しないが，現在の白色レグホーン（産卵鶏）は，300個以上産卵する系統（平均280個／年，世界産卵記録：365個／年）が造成されている．その他の家畜種においても遺伝的改良により祖先種に比べ飛躍的に生産性の高い家畜が造成された（図9-1〜9-12）．

　家畜の能力向上には，当然ながら栄養学的研究の成果や家畜管理技術などのさまざまな技術的進歩が大きく貢献したことはいうまでもないが，長年にわたる遺伝的な改良なくしては，今日のような生産性の高い家畜は存在しない．

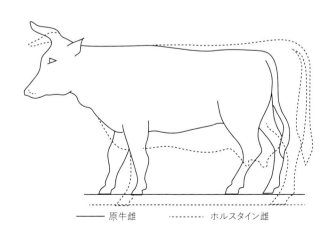

図9-1　原牛とホルスタインの体型の比較（西田，1955）

第9章　家畜の育種

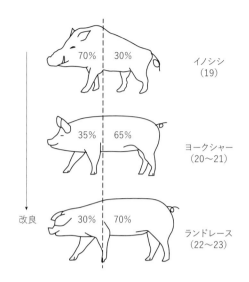

図 9-2　改良によるブタの体型の変化
(　)内は脊髄の数
ヨークシャー：精肉用のポークタイプ
ランドレース：ベーコンタイプ
(水間豊他7名，新家畜育種学，朝倉書店，1996)

9.1　家畜の定義

家畜（domestic animals）とは，野生動物を人類社会に有用であるとして飼い慣らし，合目的に繁殖・育成・生産された動物をいう．なお，国内では，ウシやブタなどの産業的家畜とは別にイヌやネコなどの伴侶動物（愛玩動物）を社会的家畜，実験動物を「第三の家畜」と分類している．

動物分類学では門（phylum），綱（class），目（order），科（family），属（genus），種（species）に分類される．階級として種が最下級のものとな

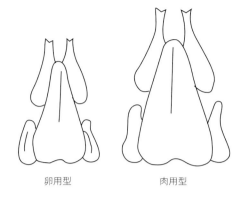

図 9-3　鶏の用途の違いによる屠体型
(水間豊他7名，新家畜育種学，朝倉書店，1996)

るが，家畜の場合は種以下の分類として品種，その下に系統が用いられる．動物分類学による区分ではなく産業目的を持ったものとなる．

9.2　主要家畜の起源と品種

9.2.1　ウシ

1)　起源

家畜牛（cattle）の野生原種は，ユーラシア大陸およびアフリカ大陸に広く分布していた原牛（オーロックス：aurochs, *Bos primigenius*）であったとされている．約15,000年前の旧石器時代に，原牛がフランスのラスコーやスペインのアルタミラの洞窟壁画に描かれており，狩猟の対象であったことがわかる．いまから6,000～8,000年前に西アジアの農耕民族により原牛の家畜化が

図 9-4　ホルスタイン

行われたと考えられている．

2） 品種

乳用種として，ホルスタイン（オランダ原産）（図9-4）やジャージ（イギリス，ジャージ島原産）が広く利用されている．肉用種としては，ヘレフォード（イギリス原産）（図9-5），アバディーン・アンガス（イギリス原産），ショートホーン（イギリス原産）などが広く利用されている．乳肉兼用種には，スイスブラウン（スイス原産），シンメンタール（スイス原産）が知られている．

日本では明治時代に，国内で古くから飼養されていた小型の和牛に西洋種との交雑・改良が進められた結果，各地で黒毛和種，褐毛和種，日本短角種が固有種として確立されている．とくに黒毛和種（図9-6）は，日本固有の肉用牛として，脂肪交雑（霜降り肉）に代表される優れた肉質により世界的にも『Wagyu』の名で高い評価を受けている．

9.2.2 ウマ

1） 起源

ウマ（horse）の家畜化が行われたのは他の主要家畜に比べてかなり遅く，5,000〜5,500年前に，東南ヨーロッパのステップ地帯で始まったと考えられている．ウマの祖先種は，野生ウマのタルパン（Tarpan，19世紀後半に絶滅）であるという説が主流である．現在のアラブ系，ヨーロッパ系および蒙古系のウマは，それぞれ別の野生種に由来すると説明されている．

2） 品種

イギリス原産の在来種にアラブを交配して疾走能力を改良したサラブレッド（図9-7）は，ウマの中では最も純粋な品種である．アラブ（アラビア半島原産）は，速力ではサラブレッドに及ばないが持久力に優れている．アングロアラブ（フランス原産）はおもに乗用として利用されている．重種のペルシュロン（フランス原産）は，日本の農耕ウマの基礎となった品種であり，現在，国内で肉用（馬肉）として利用されている．

図9-5　ヘレフォード

図9-6　黒毛和牛

図9-7　サラブレッド

9.2.3 ブタ

1) 起源

ブタ（pig）は祖先種であるイノシシが家畜化はされたもので，1万年ほど前に中国，西アジアおよび東南アジアで家畜化が始まったとされている．現在もイノシシの亜種が世界的に広く分布しており，家畜化したブタが人類の移動とともに各地で，これらの亜種と交雑した可能性が高い．そのため，ブタが家畜化された中心地は不明である．

2) 品種

大ヨークシャ（イギリス原産）は，体格が大型のベーコンタイプの品種である．ランドレース（デンマーク原産）（図9-8）は，大ヨークシャとデンマークの在来ブタとの交雑で作出された品種である．ハンプシャー（イギリス原産，米国で改良）（図9-9）は，赤肉の生産性に優れている．そのほかにはバークシャ（イギリス原産），デュロック（米国で造成）などが利用されている．

9.2.4 ヒツジ

1) 起源

ヒツジ（sheep）の家畜化は，8,000～9,000年前に西アジアのタウルス山脈とザグロス山脈に囲まれた高原地帯で行われたと考えられている．ヒツジの起源としては，野生ヒツジのムフロン（Mouflon）が家畜化され，その後，ウリアル（Urial）およびアルガリ（Argali）から遺伝的影響を受けたと考えられている．これらの3種の野生ヒツジはそれぞれ染色体数が異なるが，家畜化したヒツジとの間には生殖隔離のないことが確認されている．

2) 品種

メリノー（スペイン原産）（図9-10）は代表的な毛用種として世界中で飼養されている．そのほかにオーストラリアメリノーがいる．肉用としては，サウスダウンを基に改良されたサフォーク（イギリス原産）がいる．毛肉兼用としては，コリデール（ニュージランド原産）が知られている．

図9-8　ランドレース

図9-9　ハンプシャー

図9-10　メリノー

9.2.5 ヤギ
1）起源
ヤギ（goat）は最も古くに家畜化された反芻動物で，約12,000年前に西アジアの山岳地帯に生息していた野生ヤギのベゾアールヤギ（Bezoar goat）が家畜化されたと考えられている．その後，家畜ヤギは遊牧民によってモンゴル，中国全土，さらにインド，アラビア半島を経てアフリカに移動し，各地で在来ヤギの基礎となった．

2）品種
乳用種としては，ザーネン（スイス原産）（図9-11）が代表的品種である．そのほかにヌビアン（アフリカ南部原産）がいる．乳肉兼用としては，ジャムナパリ（インド原産）が，毛用として，アンゴラ（アナトリア地方「アジア最西端」原産）がいる．

9.2.6 ニワトリ
1）起源
ニワトリ（chicken）の祖先種は，現在インドから東南アジアにかけて広く生息しているセキショクヤケイ（赤色野鶏）とされている．野鶏は，この他にも3種が現存しており，そのうちのインド南部に生息するハイイロヤケイが遺伝的に関与していると推察されている．中国の竜山時代（B.C. 3000～B.C. 2000）の遺跡や西アジアのモヘンジョダロの遺跡でニワトリと考えられる骨が発見されていることから，4,000～4,500年前に東南アジアのいずれかで家畜化が始まったと考えられる．

2）品種
卵用種の改良は，おもにイギリス，米国で行われた．褐色レグホーン（イタリア原産）を基に改良された白色レグホーン（イタリア原産）（図9-12）が広く利用されている．肉用の白色コーニシュは，イギリス原産の褐色コーニシュが米国で改良されたものである．白色プリマスロック（米国原産）はブロイラー生産時の雌系として多用されている．そのほかにロードアイランドレッド（米国原産）が

図9-11　ザーネン

図9-12　白色レグホーン

卵肉兼用として利用されている．

9.3　家畜の交配
家畜の育種は，まず育種目標（表9-9参照）を設定し，その目標に向かって，交配と選抜を何世代にもわたって繰り返すことにより，育種目標に近づけることにある．家畜の育種を効果的に進めるためには，最良の交配方法（作為交配）を採用することが重要である．

家畜の交配は，交配に供する個体間の遺伝的な遠近に基づいて分類すると，遠縁交配と近縁交配に分けられる．遠縁交配は分類学上品種間よりも遺伝的に遠い間の交配であり，近縁交配は品種内

第9章　家畜の育種

あるいはそれよりも近縁関係にある間の交配である（第8章図8-2参照）.

9.3.1　遠縁交配

遠縁交配には，動物分類学的に分類すると，属間交配，種間交配および品種間交配がある.

a　属間交配

この交配は，動物分類学的に異なる属の間の交配であり，F_1は雌，雄ともに，あるいはどちらか一方が生殖不能である. 実用性は低いが属間交配には次のような例がある.

1) ヨーロッパ牛（*Bos taurus*）×米国野牛（*Bison americanus*）

雌雄交互の交雑が可能である. F_1は雑種強勢を示し，ダニ熱に対する抵抗性があり，枝肉歩留りがよく，肉質もよい. F_1の雄は生殖不能であるが，雌は妊性を有する.

2) ヤギ（*Capra hircus*）×めん羊（*Ovis aries*）

ヤギ（雌）とめん羊（雄）の交配では妊娠するが，胎子は妊娠の中期までに壊死するか，流産する. めん羊（雌）×ヤギ（雄）は受胎しない.

3) ニワトリ（*Gallus gallus*）×キジ（*Phasianus colchicus*）

F_1は雌雄ともに生殖不能で発育も悪く，実用性に乏しい.

4) アヒル（*Anas bochas domestica*）×バリケン（*Cairina moschata*）

雌雄交互の交雑が可能である. F_1は雌，雄ともに生殖不能であるが，雑種強勢を示し，成長が早く，肥育に適する. 台湾では，アヒル（♀）×バリケン（♂）の　F_1が肉用として利用されている.

b　種間交配

この交配は，動物分類学的に種の異なる間での交配である. 種間交配は，属間交配に比べて，F_1の雌，雄の多くは生殖能力を有するが，一方の性が生殖不能である場合がある. 種間雑種の実用的な例として次のようなものがある.

1) ヨーロッパ牛（*Bos taurus*）×インド牛（*Bos indicus*）

この交配は，ヨーロッパ牛にインド牛の耐熱性やダニ熱抵抗性などを導入する場合に行われ，F_1は雌，雄ともに生殖能力がある. 在来種や未改良種に近代種の形質を導入する手段として，アフリカなどの多く発展途上国で利用されている.

2) ヨーロッパ牛（*Bos taurus*）×ヤク（*Bos grunniens*）

雌雄交互の交雑が可能であり，F_1はヤクに比べ，肉質や乳量が向上し，ヤクよりも馴れやすく，牛よりも強健である. F_1の雌は生殖可能であるが，雄は生殖不能である.

3) ウマ（*Equus caballus*）×ロバ（*Equus asinus*）

雌雄交互の交雑が可能である. ウマ（雌）×ロバ（雄）のF_1であるラバ（mule）は，乗用に適さないが，強健で持久力があり，粗放な飼養管理に耐えることから役用に利用されている. ♀♂逆は小型であり，役能力に劣る.

4) ブタ（*Sus scrofa*）×アジアイノシシ（*Sus vittatus leucomystex*）

ブタはイノシシが家畜化されたものであることから，同じイノシシ種に属し核型が同じであり，F_1は，雌，雄ともに生殖能力を有する. F_1は粗放な飼養管理が容易で，肉質がよく，一部で実用性化されている.

c　属間・種間雑種の生殖不能の要因

属間交配や種間交配で生まれたF_1の雌，雄がともに，あるいは一方の性が生殖不能の場合が多い. その最大の要因は，親動物の核型（染色体の数や形態）が異なるため，F_1では相同染色体の不相称が生じ，生殖細胞の形成時に減数分裂の中止や分裂異常が起こると考えられている.

d　品種間交配

品種間交配の目的は，まず，2品種，または2品種以上の品種間交配によって，既存の品種に新しい遺伝形質を導入することである. また，2品

種，または2品種以上の交配によって，それぞれの品種の優良形質を合わせ持つ新しい品種を作り出すことである．さらに，品種間交雑F_1に現れる雑種強勢が期待できることである．系統交配も，ほぼ同様な目的で行われる．

品種間交雑の利用

乳牛では，これまでに欧米で2品種～3品種間の交雑試験が行われたが，交雑F_1において，とくに高い雑種強勢効果はみられないと報告されている．

一方，肉牛では，ショートホーン，アバディーン・アンガス，ヘレフォード，ギャロウェーの間で，F_1および3品種間などの交雑試験が行われ，成長能力，とくに生時体重，肥育時体重，1日あたり増体量，飼料効率に雑種強勢が見られている．また，産肉能力のうち，枝肉量，枝肉歩留り，枝肉等級，ロース芯面積，屠体長などに交雑の効果が報告されている．これまでに，ヘレフォード（雌）×ショートホーン（雄），アバディーン・アンガス（雌）×ショートホーン（雄），ギャロウェー（雌）×ショートホーン（雄）などの交雑F_1で雑種強勢の効果がよく発現すると報告されている．

ブタでは，米国の市場に出荷されるブタの80～90％が品種間雑種である．国内でも1960年頃より雑種ブタの肉の比率が増加し，現在では，ブタ肉の70％以上が交雑ブタで占められている．ランドレース，ヨークシャ，ハンプシャー，デュロックなどの品種間交雑F_1，戻し交雑，三元交雑など（図9-13参照）が広く利用されている．ブタでは，交雑F_1で発育性，と肉性，飼料効率などに雑種強勢が見られる．また，F_1を母ブタとして供した場合に，産子数の増加，哺乳期間中の乳子発育，離乳率，離乳時体重に向上が見られ，F_1を繁殖用母ブタとする戻し交雑，三元交雑が積極的に行われている．

めん羊では，イギリスで肉用めん羊であるブラックファイスやチェビオット（雌）×ボーダーレスター（雄）が一般的に行われており，F_1は父方の多肉性と母方の良質の肉質を有し，発育は両親のいずれよりも優れている．また，ニュージランドでは，肉用としてロムニーマーシュ（雌）×サウスダン（雄）のF_1が利用されている．

ニワトリでは，白色レグホーン×プリマスロック，白色レグホーン×ロードアイランドレッド，ロードアイランドレッド×プリマスロックの品種間交雑が一般的に利用されており，それらの交雑がロックホーン，ロードホーン，ロードロックの名称で市販されている．これらの品種間雑種では，発育，初産日齢，産卵数，飼料の利用性，孵化率，育成率などに雑種強勢の効果が報告されている．また，肉用のブロイラーでは，白色ロック（雌）×白色コーニッシュ（雄）のF_1が最も多く利用され，また，横斑プリマスロック，ニューハンプシャー，ロードアイランドレッド（雌）×コーニッシュ（雄）の交雑F_1も利用されている．これらの品種間交雑では，発育性，枝肉歩留り，飼料効率などに雑種強勢が見られる．

e 累進交配

この交配は，家畜を改良する方法として古くから用いられてきた交配方法で，経済能力の低い在

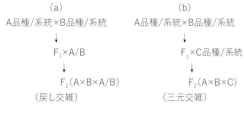

図9-13 複数の品種／系統を用いた交雑法
(a)：戻し交雑，(b)：三元交雑，(c)：四元交雑
交配に属し，同じ遺伝子型をもつものであればよい．

来種や未改良種を改良する際に利用される．すなわち，在来種や未改良種に能力の高い近代品種の雄を数世代にわたって交配（凍結精液の利用も含む）を繰り返すことにより，在来種などの能力を向上させるための交配法である．累進交配による遺伝子導入の確率は，$1 - \left(\frac{1}{2}\right)^n$（n：累進交配の回数）で表されるので，実際には，7〜8回の累進交配で用いた改良品種に近づく．

　たとえば，未改良の雌乳牛にホルスタイン，ガンジー，ジャージなどを累進交配し，乳量，乳脂率，泌乳期間などが向上した例がある．また，肉牛でも，雑種牛にショートホーンやアバディーン・アンガスを累進交配し，能力の向上が見られた例がある．

　累進交配法は，優良品種の欠点を補うような形質を持つ他品種を比較的短期間で改良できる利点がある．また，優良形質を持つ既存の品種や系統を利用すれば，長期間かけて新品種を作出する労力に比べ，早期に改良の目的を達成することが可能である．世界各地で，累進交配を利用して能力の高い家畜の品種や系統が多く作出されている．

f　その他の品種間交雑

1）戻し交雑，三元交雑および四元交雑

　戻し交雑（back cross），三元交雑（three way cross），四元交雑（four way cross），循環交雑（rotation cross）などの交配の目的は，3〜4品種（系統）を基に，図9-13に示した交配法によりF_1における雑種強勢の効果と複数の品種（系統）の特徴を合わせ持つ交雑種を作出することにある．これらの交配法は，F_1世代以降においても，ある程度の遺伝的ヘテロ性を保持し，かつ高い生産能力を維持できる利点がある．なお，戻し交雑，三元交雑には組合せ能力を考慮して，F_1に交雑する品種（系統）の選択が重要となる．

2）循環交雑

　循環交雑は，2品種以上を遂次循環させて交雑する方法で，おもにブタの場合に採用されている

交雑法である．この方法では，一般に雌のみを循環させ，雄は純粋種を使用する．すなわち，

　A（品種／系統）（雌）× B（品種／系統）（雄）
　→　F_1（A × B）× C（雄）（品種／系統）
　→　F_2（A × B × C）× A（雄）
　→　F_3（A × B × C × A）× B（雄）

以上のように世代を重ねる方法である．

　この交雑法は，雌にヘテロ性と雑種強勢を維持させながら，能力の高い純粋種の雄を交配させて，生産能力の向上をはかるものである．

9.3.2　近縁交配

　近縁交配は，品種間交配よりも遺伝的に近縁なもの同士の交配で，同じ品種内での交配の総称である．品種内交配には純粋交配，系統交配，近親交配などがある．

a　純粋交配

　この交配法は，特定の品種や内種の形態的特徴や能力を維持しながら，徐々に能力を向上させる場合に用いられ，とくに，積極的な選抜を行なわなければ，品種の特徴は保持される．ブタ肉の生産に，1960年頃までは中ヨークシャやバークシャで純粋交配が行われていたが，その後は，後述の二〜四元交雑が主流になっている．現在，畜産先進国では純粋種を利用した肉畜生産はほとんど見られない．

b　系統交配

　この交配は，同じ品種内で血縁的に近縁関係にある系統内での交配である．家畜の場合，系統と呼ばれるのは，集団内の平均近交係数が10〜13%，血縁係数20〜25%を有すると考えられている．なお，この程度の近交度では，著しい近交退化（p.62）は見られない．

　系統交配の目的は，ある集団内に近縁関係にある優秀な個体の形質を徐々に導入し，優れた能力を持った繁殖集団を維持することである．系統が確立された乳牛や肉牛で行われている交配が系統

交配にあたる.

c 近親交配

この交配は,同じ系統内で親子,兄妹,叔姪(しゅくてつ,叔父／叔母×姪／甥),祖孫(そそん,祖父母×孫),従兄妹(いとこ)の関係にあるもの同士の交配である.なお,兄妹交配という語は実験動物の分野で使われるのに対して,畜産の分野では全きょうだい交配(full-sib mating)が用いられることが多い.一方,片方の親が同じであるきょうだい間での交配を半きょうだい交配(half-sib mating)という.

近親交配は遺伝子のホモ化の可能性が最も高く,特定の遺伝形質を短期間で固定する際に適した交配方法である.この交配は,遺伝形質を固定する手段として有効な交配法である一方,不良な形質(奇形,致死,半致死など)に関与する潜性遺伝子のホモ化を促進する効果がある.したがって,家畜の育種に近親交配を採用する際には,その利害と得失を十分に考慮し,選抜集団における優良形質の厳密な検定・選抜を行い,同時に不良形質の徹底的な検出と集団からの適切な淘汰をはかることが重要である.

1)近交係数と血縁(近縁)係数

ある集団において近親交配を何世代にもわたって継続すると,個体に存在する対立遺伝子は次第にホモ化してくる.また,集団では遺伝的構成の似た個体が増加し,次第に遺伝的に血縁関係が濃くなってくる.このような遺伝的遠近の関係の度合いを統計学的な数値として表したのが近交係数や血縁係数である.

1-1)近交係数

近交係数(coefficient of inbreeding)は,同じ先祖の個体から由来した共通の遺伝子が存在する度合い,すなわち,ある個体が持つ2つの相同遺伝子が共通祖先の持っていた同じ遺伝子に由来するホモ接合体となる確率を表す.近交係数の算出には,通常Wright(1923)の式が使用され,係数はFまたはfで表す.

$$F_x = \sum \left\{ \left(\frac{1}{2}\right)^{n+n'+1} (1 + F_A) \right\}$$

F_x:個体Xの近交係数
F_A:父系と母系に共通な祖先Aの近交係数
n:共通祖先Aから個体Xの父に至る世代数
n':共通祖先Aから個体Xの母に至る世代数

ある個体の近交係数を求める場合,通常は過去のある時点を特定し,それ以前の祖先にまでさかのぼらない.このことから,その時点の集団は基礎集団と見なし,集団内のすべての個体の近交係数は0とし,しかも個体間の血縁係数も0であると見なす.したがって,算出されたある個体の近交係数は基礎集団(近交係数は不明または0)と比べたもので,相対的な値(絶対値ではない)である.すなわち,算出された個体の近交係数は基礎集団と比べてホモ接合体の割合がどれだけ増加したかを示すにすぎない.

近交係数を算出するには,求める個体の両親に共通な祖先から両親を経由して該当する個体に至

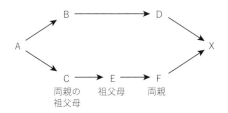

図9-14 個体Xから両親の共通祖先Aへの経路図
共通祖先Aの血統記録はない($F_A = 0$).

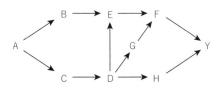

図9-15 個体Yから両親の共通祖先Aへの経路図
共通祖先Aの血統記録はない($F_A = 0$).

第9章　家畜の育種

る経路図を作成する（図9-14，9-15）．

計算例1

図9-14における個体Xの近交係数は，次のように算出される．

Xの両親FとDから共通祖先Aへの経路は，$\underline{A} \to C \to D (n = 2)$と$\underline{A} \to B \to E \to F (n' = 3)$（下線は共通祖先）だけである．また，共通祖先Aの血統記録はないので，$F_A = 0$となる．したがって，個体Xの近交係数は，

$$F_x = \left(\frac{1}{2}\right)^{2+3+1}(1 + 0)$$
$$= 0.0156 = 1.56\%$$

となる．

計算例2

図9-15から，まず，Aは個体Dの共通祖先なので，F_Dを求める．次いで，個体Yの両親（FとH）には，共通の祖先D，C，Aが存在するので，F_D，F_C，F_Aを算出する．したがって，経路図9-15における個体Yの近交係数は，表9-1のように算出される．この場合も，共通祖先Aの血統記録はないものとする．

1-2）血縁係数（coefficient of kinship）

血縁係数は二個体間の遺伝的似通い（類似性）を示す係数である．

個体Xと個体Y間の血縁係数（R_{xy}）は次式から

求められる．

$$R_{xy} = \sum \frac{(1/2)^{n + n' + l}(1 + F_A)}{\sqrt{1 + F_x}\sqrt{1 + F_y}}$$

F_A：父系と母系に共通な祖先Aの近交係数

n：共通祖先Aから個体Xの父に至る世代数

n'：共通祖先Aから個体Xの母に至る世代数

F_x：個体Xの近交係数

F_y：個体Yの近交係数

なお，親と子のR_{xy}は$1/4 = 0.25$（25％），兄弟のR_{xy}は$1/4 = 0.25$（25％），異母（異父）兄弟のR_{xy}は$1/8 = 0.125$（12.5％）となる．

d　近交退化

近親交配を何世代にもわたって繰り返すと，近交度（近交係数）が増加し，やがて生物としての適応性が著しく低下する．このような現象を近交退化（inbreeding depression）という．家畜の場合には，近交度が進むと集団の生産能力に悪い影響が現れてくる．近交係数が10％増加すると，乳量（ウシ），産子数（ブタ），毛長（ヒツジ），産卵数や孵化率（ニワトリ）などのさまざまな経済形質に低下の見られることが報告されている（表9-2）．家畜では，ニワトリ以外で近交系が作出された例はない．

近交退化は，多くの動物種で見られ，その原因

表9-1　図9-15を基にした個体Yの近交係数の算出

近交係数を求める個体	共通祖先	経路	共通祖先までの世代数		共通祖先の近交係数	近交係数
			n	n'		$(1/2)^{n+n'+l}(1 + F_A)$
D	A	B $\leftarrow$ A $\to$ C	1	1	0	$F_D = (1/2)^3 = 0.125$
Y	D	① H $\leftarrow$ D $\to$ G $\to$ F	1	2	0.125	$(1/2)^4(1 + 0.125) = 0.0703$ (a)
		② H $\leftarrow$ D $\to$ E $\to$ F	1	2	0.125	$(1/2)^4(1 + 0.125) = 0.0703$ (b)
	C	H $\leftarrow$ D $\leftarrow$ C $\to$ E $\to$ F	2	2	0	$(1/2)^5 = 0.0313$ (c)
	A	H $\leftarrow$ D $\leftarrow$ B $\leftarrow$ A $\to$ C $\to$ E $\to$ F	3	3	0	$(1/2)^7 = 0.0078$ (d)
						$F_Y = a + b + c + d = 0.1797$

矢印は共通祖先（下線）から個体Yへの経路．①と②は共通祖先Dを通る異なる経路．

表9-2 兄妹交配を継続した場合の近交係数(F)と
血縁係数(R)

世代	F (%)	R (%)
0 ※	0.0	50.0
1	25.0	60.0
2	37.5	72.7
5	67.2	87.9
10	88.6	91.3
15	96.1	98.8
20	98.6	99.6

※：0世代は両親

（水間豊 他，新家畜育種学，朝倉書店，1996，一部抜粋）

表9-3 近交係数の増加と主な形質の近交退化

動物種	形質	近交係数10%あたりの形質の減少率(%)※
ウシ	乳量	3.2
ブタ	一腹産子数	4.6
ヒツジ	毛長	1.3
ニワトリ	産卵数	6.2
マウス	一腹産子数	8.0

※：非近交集団の平均に対する割合

（水間豊 他，新家畜育種学，朝倉書店，1996，一部抜粋）

は次のように考えられている．

第1は，不良な潜性因子のホモ化とそれらの蓄積である．近親交配によって有益な遺伝子が蓄積される一方，有害な潜性因子も蓄積される．第2は，近親交配の継続により対立遺伝子のホモ化が増加することにより遺伝的な多様性が減少し，その結果，環境要因に対する適応性が低下する．第3には，近親交配を継続すると，無作為交配により維持されていた量的形質を支配するポリジーン（polygene）のバランスが崩れ，その結果，生存適応性が低下することなどが考えられている．

e 雑種強勢

品種間交配や系統間交配により生まれたF_1は，両親よりも強い活力やすぐれた能力を発現する場合がある．このような現象を雑種強勢（ヘテローシス：heterosis）という．

雑種強勢が注目されたのは，19世紀に入って，

トウモロコシの研究成果を基に雑種強勢が産業的に利用されたからである．家畜では，1940年後半からニワトリにおいて近交系の確立と近交系間の交雑種の作出により，雑種強勢の成果が得られている．また，ブタ，肉牛，肉用めん羊などの畜肉生産には，古くから品種間交雑による雑種強勢が利用されている．

雑種強勢は，品種間や系統間の交配により単に雑種にすれば必ず発現するものではなく，交配に使用する品種や系統の遺伝的組成とその組み合わせが大きく関係する．また，雑種強勢はすべての形質において発現するものではなく，家畜の場合，発育，繁殖（産子数），泌乳能力，飼料の利用性，産卵率，強健性などに顕著に発現する．雑種強勢は，おもにF_1世代において顕著に発現する現象であり，F_2，F_3と世代が進むとその効果は著しく低下し遺伝的に固定できない．

雑種強勢の評価法

雑種強勢の効果は，交雑に供する品種や系統の持つ遺伝的な組み合わせ能力（combining ability）の違いが大きく関係するので，最良の品種間交配や系統間交配を検討することが重要である．

雑種強勢の効果（または組合せ能力）を評価するには，いくつかの方法があり，

① $F_1 - P_m$

②$(F_1 - P_m)/P_m$

③$(F_1 - P_m)/\mid P - P_m \mid$

である．なお，F_1はF_1の平均値，Pは両親のいずれか一方の値，P_mは両親の平均値である．このうち，③から得られた値が＋1より大きいとF_1の値は両親のいずれよりも大きく，－1より小さいときは両親のいずれよりも小さく，0のときは両親の平均値に等しいことを示す．

f 近交系間交雑の利用

近交系とは近親交配を継続して作出された系統をいう．近交系間交雑（incrossing, incross

breeding)によって生産された F_1 では，成長性・発育性，繁殖能力，産卵能力，飼料の利用性，強健性などの表現型に安定して雑種強勢の効果が見られる．なお，近交系間交雑は同一品種内のみでなく，異品種の近交系どうしの交配も試みられている．

近交系間交雑は，ブタ，ニワトリ，実験動物などで積極的に利用されている．ブタの近交系間交雑では，発育，増体量，枝肉歩留り，産子数，離乳子数などに雑種強勢の効果を認められている．ブタは他の家畜種に比べ，近交退化を発現しやすいことから，近交系の作出・維持よりもむしろ近交系間交雑 F_1 の利用が有効である．ニワトリでは，産卵鶏の近交系間交雑で，初産日齢，産卵数，受精率，孵化率，生存率，抗病性などに，肉用鶏の交雑では，発育，体重，枝肉歩留り，飼料要求率に雑種強勢の効果が明らかにされている．

9.4　集団遺伝学，統計遺伝学の利用

家畜育種の基本的な目標は，遺伝的に有用な個体を選び出し，これを種畜として利用することにより家畜集団を育種目標に適合した遺伝的集団に変化させることにある．そのためには，家畜集団がどのような遺伝的構成を有しているかを的確に把握し，また，家畜集団の遺伝的構成を変化させるさまざまな要因を解析する必要がある．

メンデルの法則は，エンドウの7種類の形質（種子の形や茎の高さなど）のすべてが偶然に質的形質であり，それらの形質を支配する対立遺伝子間の関係について説明したものである．しかし，量的形質に関与する複数の遺伝子（polygene）の作用について，メンデルの法則のみで説明することは困難である．また，家畜集団における個体レベルの遺伝的変化は，メンデルの法則に従って解析すればある程度把握できるものの，集団全体の遺伝的構成の変化を知るには，集団遺伝学や統計遺伝学的な解析が必要となる．

集団遺伝学は，メンデルの法則と1930年代に発展した数理統計的な方法とが結びついて生まれた学問である．すなわち，生物集団における遺伝情報のあり方やその伝達の法則性（遺伝的構成の変化）を統計学や計算手法を用いて数理的に追求する分野である．また，統計遺伝学は，メンデルの法則と統計的方法を結び付けて，集団における遺伝現象を数理的に観察・把握し（数量的データを集める），統計データ（数値的データ，数量的情報）を処理・分析する方法に関する専門分野である．そのため，質的形質ではあまり必要としなかった理論や方法が用いられる．これまでに，生物集団で得られたデータを基に一定の法則を導くためのさまざまな数学的な規則性（数式）が開発されてきた．したがってこれらの分野は，遺伝子の本体や機能を解明する分子遺伝学の分野とは明らかに視点が異なる．

なお，集団遺伝学が対象とする生物集団は，メンデルの法則に従い両親の遺伝子が無作為交配（第8章図8-1参照）によって次世代に伝達される有性生殖を行う集団であり，メンデル集団と呼ぶ．野生動物では種（例：キリンなど）が，家畜では品種（例：黒毛和牛など）などがメンデル集団に相当する．

9.5　家畜の経済形質

遺伝形質には質的形質（qualitative character）と量的形質（quantitative character）がある．質的形質とは角の有無など不連続な形質をいい，量的形質とは体長や体重など連続的に変異する形質をいう．家畜の泌乳量や枝肉重量など畜産業において経済的に重要な形質を経済形質（economic traits）といい，それらのほとんどは量的形質であると考えられている．

質的形質のほとんどが単一の遺伝子により支配されており，交配の記録があれば，遺伝子型を明らかにし，表現型値（角の有無など）を把握でき

る．一方，量的形質には多数の遺伝子（polygene）が関与し，また，それらの遺伝子の間で相互作用があり，しかも，量的形質に及ぼす個々の遺伝子の効果は環境効果に比べ小さいと考えられている．したがって，個々の遺伝子が量的形質にどの程度影響しているかを明確に特定することは非常に困難であり，家畜の経済形質の遺伝的な解析には，統計遺伝学の利用が必要となる．

9.6 統計的解析の基本

家畜の量的形質（経済形質）における個々の表現型値（乳量，産肉量など）は，それぞれ単一個体の値ではなく，家畜集団全体および同一個体の複数回の観察・測定値である．また，家畜集団では，表現型値に関与する遺伝子型が個々の個体で異なり，また，さまざまな環境的な影響を受けるために，表現型値はかなりの変異（バラツキ）を示す．したがって，家畜集団における測定値（**表現型値**）の変異を分析するためには，統計的手法が必要となる．

9.6.1 統計値

統計的解析で使用される統計的数値の中で基本となるのは，平均値，偏差，分散，共分散，標準偏差，相関係数，回帰係数などである．

① 集団における代表値（乳量など）は個々の数値（X_i）ではなく，通常平均値で示し，$\dfrac{\sum_{i=1}^{n} X_i}{n}$ から得られ，$\bar{X}$ で表す．

② 個々の数値（X_i）が，標本全体の平均値からどれほど離れているかを示す値を偏差（deviation, d）といい，$d = X_i - \bar{X}$ から得られる．

③ 分散（variance）とは，集団の平均値の比較だけではわからない，データのバラツキの度合い（個体差の大きさ）を表す数値であり，偏差の正負（＋，－）の影響をさけるために平方（二乗）値で示す．また，共分散（co-variance）とは，二組の対応するデー

タの関連性を表す数値である．

分散（s^2）は次式で求められる．

$$s^2 = \sum_{i=1}^{n} \frac{(X_i - \bar{X})^2}{n-1}$$

n：データの総数

$n-1$：自由度

X_i：個々の数値

$\bar{X}$：標本の平均値

さらに，共分散（s_{xy}）は，次式で求められる

$$s_{xy} = \sum_{i=1}^{n} \frac{(X_i - \bar{X})(Y_i - \bar{Y})}{n-1}$$

n：データの総数

$n-1$：自由度

X_i：X 標本の個々の数値

Y_i：Y 標本の個々の数値

$\bar{X}$：X 標本の平均値

$\bar{Y}$：Y 標本の平均値

④ 標準偏差（standard deviation, S.D.）は，分散と同じくデータのバラツキの度合を表す数値であり，分散の平方根（S.D. ＝ $\sqrt{s^2}$）で示される．分散は元のデータを平方（二乗）しているので，個々のデータや平均値と次元（桁）が異なるため，バラツキの程度を直接比較することができない．標準偏差は，データと同じ次元（桁）になるので，分散に比べよりわかりやすくデータのバラツキの度合いを示す数値である．通常，平均値 ± S.D. として表す．

⑤ 相関係数．ある計測値（X）を横軸にとり，他の測定値（Y）を縦軸にとって散布図にプロットすると，右上がりあるいは右下がりに点が分布する場合がある．このように2つの計測値の増減に関係が見られる場合，この両者は相関関係にあるという．その相関の程度を数値で表したのが相関係数（coefficient of correlation）である．ある値が増加するにつれて他方も増加する場合，

65

第9章　家畜の育種

正または順相関とよび，逆に他方が減少する場合は負または逆相関とよぶ.

相関係数(r)は次式で求められる.

$$r_{xy} = \frac{s_{xy}}{s_x s_y}$$

ただし，

$$s_{xy} = \sum \frac{(X_i - \bar{X})(Y_i - \bar{Y})}{n-1},$$

$$s_x = \sqrt{\frac{(X_i - \bar{X})^2}{n-1}},$$

$$s_y = \sqrt{\frac{(Y_i - \bar{Y})^2}{n-1}},$$

n：X標本とY標本との組数

$n-2$：自由度

X_i：X標本の個々の数値

Y_i：Y標本の個々の数値

$\bar{X}$：X標本の平均値

$\bar{Y}$：Y標本の平均値

相関係数の値が統計的に有意かどうかは，次式のt検定（自由度：$n-2$）を行い，t値の有意性の有無は統計書のt分布表で判定する.

$$T_{(n-2)} = r\sqrt{\frac{1-r^2}{n-2}}$$

$$= r\sqrt{\frac{n-2}{1-r^2}}$$

表9-4に示されたヒナの1週齢と4週齢の体重の相関係数を求めると，表内の統計値から

$$r_{xy} = \frac{s_{xy}}{s_x s_y}$$

ただし，

$$= \frac{177.8}{6.4 \times 29.0} = 0.96$$

となる.

算出した相関係数が統計的に有意であるかをt検定すると

$$t_{(n-2)} = r\sqrt{\frac{n-2}{1-r^2}}$$

$$= \frac{0.96 \times 2.83}{\sqrt{1-0.92}}$$

$$= \frac{0.96 \times 2.83}{0.28} = 9.703$$

となり，t分布表で自由度（$n-2=8$）のt値は，$t_{(0.001)} = 5.041$である．したがって，算出したt値（9.703）は0.1％の有意水準のt値（5.041）より大きいことから，X値とY値，すなわち，1週齢と4週齢の体重との間には，統計的に0.1％の危険率で有意な相関性があると判定される.

なお，相関係数は$-1 \sim +1$の間にある．係数が（＋）であれば，一方の値が増加すると他方も増加する関係にあり，（－）であれば，一方が増加すれば他方が減少する関係にある．家畜の形質では，肥育牛の胸囲と体重の間で（＋）の相関が，乳牛の産乳量と乳脂率との間で（－）の関係のあることが知られている.

⑥　回帰係数

表9-4のデータの1週齢のヒナの体重（X）と4週齢の体重（Y）との間に相関があり，Xが増加するにつれて，Yが直線的に増加する関係にあるとき，X値とY値の関連性は$\hat{Y} - \bar{Y} = b(X - \bar{X})$となり，一次関数の回帰直線，$Y = a + bX$で表される.

このとき，

$\hat{Y}$：Yの推定値

$\bar{X}$：X標本の平均値

$\bar{Y}$：Y標本の平均値

a（切片）：Xの値が最小の場合のYの値

b：回帰直線の傾き＝回帰係数

回帰係数（b）は，

$$b = \frac{s_{xy}}{s_x^2}$$

で求められる

表 9-4　ヒナの 1 週齢と 4 週齢の体重(g)と統計値

ヒナ No	1 週齢 (X)	4 週齢 (Y)	平均からの偏差		偏差平方和		
			$X - \bar{X} = x$	$Y - \bar{Y} = y$	x^2	xy	y^2
1	76	345	6.6	40,9	43.56	269.94	1672.81
2	55	256	− 14.4	− 48.1	207.36	692.64	2313.61
3	74	324	4.6	19.9	21.16	91.54	396.01
4	72	312	2.6	7.9	6.76	20.54	62.41
5	70	301	0.6	− 3.1	0.36	− 1.86	9.61
6	71	303	1.6	− 1.1	2.56	− 1.76	1.21
7	71	308	1.6	3.9	2.56	6.24	15.21
8	68	295	− 1.4	− 9.1	1.96	12.74	82.81
9	62	260	− 7.4	− 44.1	54.76	326.34	1944.81
10	75	337	5.6	32.9	31.36	184.24	1082.41
和	694	3,041	0	0	372.4	1600.6	7580.9
	$\bar{X} = 69.4$	$\bar{Y} = 304.1$			$s_x = 372.4 / 9$ $= 41.4$ $s_x = 6.4$	$s = 1600.6 / 9$ $= 177.8$	$s = 7580.9 / 9$ $= 842.3$ $s_y = 29.0$

$s_x{}^2$：X 標本の分散

s_{xy}：X と Y の共分散

なお，分散と共分散の分母 $n-1$ が相殺され，

$$b_{YX} = \frac{\Sigma (X_i - \bar{X}) (Y_i - \bar{Y})}{\Sigma (X_i - \bar{X})^2}$$

$$b_{XY} = \frac{\Sigma (X_i - \bar{X}) (Y_i - \bar{Y})}{\Sigma (Y_i - \bar{Y})^2}$$

が導かれる．

表 9-4 のヒナの体重から，ヒナの 1 週齢と 4 週齢の体重の回帰は，

$$b = \frac{s_{xy}}{s_x{}^2} = \frac{177.8}{41.4} = 4.29$$

となり，回帰直線，

$$\hat{Y} - \bar{X} = b(X - \bar{X})$$

に表 9-4 の値を代入すると，

$$\hat{Y} - 304.1 = 4.29 \ (X - 69.4)$$

から，回帰直線，

$$Y = 4.29X + 6.4$$

が得られる．

したがって，1 週齢の体重 (X) が与えられれば，4 週齢の体重(Y)が推定される．

9.7　遺伝率

量的形質における個々の形質（乳量，産肉量など）が次世代へどの程度遺伝するか，それを数値で表したものを遺伝率（heritability）という．家畜の育種を進めていく上で，有用な形質を持つ個体を選抜し交配に供する際に，個々の形質の遺伝率は重要な指標となる．

9.7.1　広義の遺伝率

家畜の量的形質である表現型値（乳量，産肉量などの測定値）は，家畜が持つ遺伝子型値（遺伝子型による効果）と気候，栄養条件，飼養条件，測定誤差などを含むさまざまな環境的効果によって決まる．たとえば，ヒトの身長の遺伝率はかなり高い(0.6)が，20 世紀以後，多数の国で身長が急速に伸びたのは，栄養状態やその他の環境条件の改善が大きく影響している．

表現型値（P）＝遺伝子型値（G）＋環境要因（E）で表されるが，量的形質のデータは，分散など

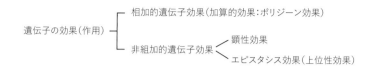

図 9-16 遺伝子型値に及ぼす遺伝子の効果(作用)

の統計量で与えられるので，表現型分散（V_p）＝遺伝子型分散（V_g）＋環境分散（V_e）となる．遺伝率（h^2）は，遺伝子型分散（V_g）の表現型分散（V_p）に対する割合であり，遺伝率（h^2）＝遺伝子型分散（V_g）／表現型分散（V_p）で表され，これを広義の遺伝率という．

9.7.2 狭義の遺伝率

遺伝子型値は，多数の遺伝子の効果が積み重なったもので，それらの効果（作用）は図 9-16 に示したように分けられる．

相加的遺伝子効果とは，個々の遺伝子の加算的な効果である．一方，非相加的遺伝子効果である顕性効果とは，ヘテロ接合体の遺伝子型値が両ホモ接合体の遺伝子型値の中間値よりずれる効果で，効果の度合いにより部分顕性（不完全顕性），完全顕性，超顕性がある（p.9・10参照）．また，エピスタシス効果／上位性効果（図 9-16）とは，異なる遺伝子座にある個々の遺伝子の組み合わせによって生じる相互作用の和である．すなわち，「メンデル遺伝の拡張解釈」（第 1 章 p.5 参照）の項で述べたメンデル遺伝の独立・分離の法則に従わない抑制遺伝，条件遺伝，補足（互助）遺伝などで見られる表現型の分離比を変えるような遺伝子間の相互作用である．

これらの効果はメンデルの法則に従わないので，そのまま次世代に伝達されるものではない．したがって，角の有無などの質的形質を支配する単一遺伝子（対立遺伝子）の場合と異なり，複数の遺伝子の非相加的遺伝子効果（顕性効果とエピスタシス効果）が表現型値（乳量，産肉量など）にどのように関与しているかを正確に把握することはきわめて困難である．したがって後代に直接遺伝されるのは相加的遺伝子効果であるといえる．

以上のことから，個体の表現型値がどの程度相加的遺伝子効果によって決まるかを示す尺度を狭義の遺伝率といい，遺伝率（h^2）＝相加的遺伝分散（V_{ag}）／表現型分散（V_p）で表される．選抜育種において重要なのが狭義の遺伝率で，一般に遺伝率とは狭義の遺伝率のことをいう．

9.7.3 遺伝率の意義

遺伝率はあくまでも集団としての統計値として意味があり，特定の個体に対して遺伝の影響の程度を示すものである．1 世代あたりの遺伝的改良量は，遺伝的改良量＝遺伝率×選抜差（選抜個体の平均値－集団平均値）として予測できる．たとえば，ある家畜の体重の遺伝率が 0.6（60 ％）であった場合，この家畜集団の中から，集団平均よりも平均して 10 kg 重い個体を選抜して交配すると，子の平均体重は，集団平均よりも 6 kg（10 kg × 0.6）重くなることが予測される．

また，遺伝率は遺伝と環境の相対的な影響の程度を示しているので，同種の生物でも，測定対象とする集団によって値が変化する．すなわち，環境の変化が大きい集団と小さい集団，遺伝的に差異が大きい集団と小さい集団では，遺伝率は異なる．たとえば，ウシの体重の遺伝率を例にとると，同じ形質（体重）であっても，黒毛和牛の遺伝率とヘレフォード種の遺伝率とは異なる．

表 9-5 に示した遺伝率の推定値はおおよその目安であり，実際に育種計画などに利用するためには，該当する集団における遺伝率を推定する必要がある．

9.7 遺伝率

表9-5 各種動物の形質に関する推定遺伝率

動物	形質	推定遺伝率
ヒト	身長	0.65
マウス	尾長	0.40
	6週齢体重	0.35
	一腹産子数	0.20
ラット	9週齢体重	0.35
	春機発動日数	0.15
ウシ	生時体重	0.30
	脂肪交雑	0.40
	分娩間隔	0.10
	泌乳量	0.35
	乳脂率	0.40
ブタ	皮下脂肪厚	0.70
	飼料要求率	0.50
	一腹産子数	0.05
ヒツジ	産毛量	0.35
ニワトリ	卵重	0.50
	産卵数	0.10

（水間豊 他，新家畜育種学，朝倉書店，1996，一部引用）

9.7.4 遺伝率の推定法

　遺伝率とは，前述したように定義されるが，実際には集団の形質の分散全体のうち，どの部分が「遺伝的要因がもたらすもの」か，また，遺伝的要因が「どの程度相加的遺伝子効果によるもの」か，知ることは困難である．そこで，さまざまな推定法が試みられているが，その1つが「親子回帰による遺伝率の推定」である．

親子回帰による遺伝率の算定法[※]

　親から子へ伝達（遺伝）されるのは，遺伝子型（例：A_1A_2）ではなく，一対の対立遺伝子（2つ）のうちの1つであるというメンデル遺伝の分離の法則から，母親あるいは父親と子の記録の共分散（s_{xy}）は片親集団の相加的遺伝分散（s_g^2）の1/2である．また，片親（父／母）の記録に対する子の記録の回帰係数 b は片親集団の遺伝率（h^2）の1/2でもある．

したがって，

$$b_{xy} = \frac{s_{xy}}{s_p^2} = \frac{1}{2}\frac{s_g^2}{s_p^2} = \frac{h^2}{2}$$

と表され，

$$h^2 = 2b_{xy}$$

である．

　s_g^2：相加的遺伝分散
　s_p^2：片親集団の表現型分散
　s_{xy}：片親と子の共分散

　今，ある21組の母牛とその娘牛の平均産乳量が表9-6のようであった場合，親子の乳量の遺伝率は次のように求めることができる．

　ここでは，計算を簡単にするために分散ではなく，平方和と積和を基に計算する（p.66 ⑥「回帰係数」参照）．

　また，分散を基に計算も記述しておく．

平方和と積和を基に計算する

①　母牛の総和を計算する

$$T_X = 7900 + 5710 + \cdots\cdots + 4410$$
$$= 150680$$

②　娘牛の総和を計算する

$$T_Y = 8130 + 11400 + \cdots\cdots + 4210$$
$$= 170890$$

③　母牛（X）の平方和（S_x）を計算する

$$S_X = \sum(X_i - \bar{X})^2 = \sum(X_i^2) - \frac{(\sum X_i)^2}{n}$$

　であるので，

$$S_X = 7900^2 + 5701^2 + \cdots\cdots + 4410^2 - \frac{150680^2}{21}$$
$$= 66083724$$

第 9 章　家畜の育種

表 9-6　親子の平均産乳量(kg)

組み番号	母牛 (X)	娘牛 (Y)	平均からの偏差		偏差平方和		
			$X-\bar{X}=x$	$Y-\bar{Y}=y$	x^2	xy	y^2
1	7,900	8,130	724.76	− 7.62	525,279.82	− 5,522.00	58.05
2	5,710	11,400	− 1,465.24	3,262.38	2,146,922.68	− 4,780,164.85	10,643,129.48
3	8,340	9,930	1,164.76	1,792.38	1,356,670.29	2,087,697.05	3,212,629.48
4	8,140	9,780	964.76	1,642.38	930,765.53	1,584,506.58	2,697,415.19
5	4,230	9,510	− 2,945.24	1,372.38	8,674,427.44	− 4,041,988.66	1,883,429.48
6	8,050	6,420	874.76	− 1,717.62	765,208.39	− 1,502,507.71	2,950,215.19
7	9,700	7,130	2,524.76	− 1,007.62	6,374,422.68	− 2,543,998.19	1,015,296.15
8	5,180	5,700	− 1,995.24	− 2,437.62	3,980,975.06	4,863,630.39	5,941,986.62
9	9,100	7,570	1,924.76	− 567.62	3,704,708.39	− 1,092,531.52	322,191.38
10	3,890	6,280	− 1,995.24	− 1,857.62	10,792,789.34	6,102,720.86	3,450,748.53
11	8,300	10,990	1,124.76	2,852.38	1,265,089.34	3,208,249.43	8,136,077.10
12	6,580	8,910	− 595.24	772.38	354,308.39	− 459,750.57	596,572.34
13	7,810	7,660	634.76	− 477.62	402,922.68	− 303,174.38	228,119.95
14	6,690	8,780	− 485.24	642.38	235,456.01	− 311,707.71	412,653.29
15	9,260	6,410	2,084.76	− 1,727.62	4,346,232.20	− 3,601,674.38	2,984,667.57
16	9,230	9,080	2,054.76	942.38	4,222,046.49	1,936,368.48	888,081.86
17	6,120	7,600	− 1,055.24	− 537.62	1,113,527.44	567,316.10	289,034.24
18	5,410	9,340	− 1,765.24	1,202.38	3,116,065.53	− 2,122,488.66	1,445,719.95
19	9,190	8,950	2,014.76	812.38	4,059,265.53	1,636,754.20	659,962.81
20	7,440	7,110	264.76	− 1,027.62	70,098.87	− 272,074.38	1,056,000.91
21	4,410	4,210	− 2,765.24		7,646,541.72	10,860,801.81	15,426,191.38
和(T)	150,680	170,890	0.00	0.00	66,083,723.81	11,810,461.90	64,240,180.95
平均 $(\bar{X}\ \bar{Y})$	7,175.24	8,137.62			$Sx^2=3,304,186.19$ $Sx=1,817.74$	$Sxy=590,523.10$	$Sy^2=3,212,009.05$ $Sy=1,792.21$

(佐々木義之，動物遺伝育種学実験法，朝倉書店，1998 より引用)

④　$S_{XY}=\sum(X_i-\bar{X})(Y_i-\bar{X})$

$$=\sum X_iY_i - \frac{\{(\sum X_i)(\sum Y_i)\}}{n}$$

から，母牛 (X) と娘牛 (Y) の積和 (S_{xy}) を計算する

$S_{XY}= 7900\times 8130 + 5710\times 11400 +$
　　　$\cdots\cdots + 4410\times 4210 -$

$$\frac{150680\times 170890}{21}$$

　　　$= 11810462$

⑤　回帰係数 (b) を計算する

回帰係数 (b) = 母と子の乳量の共分散 (s_{XY}) / 母の乳量の分散 (s_X^2) (定義式) を母牛と娘牛の乳量の積和 / 母牛の乳量の平方和 (計算式) で計算する.

$$b=\frac{11810462}{66083724}=0.179$$

⑥　遺伝率 (h^2) を計算する

$$h^2 = 2\times b = 2\times 0.179 = 0.358\ (35.8\%)$$

分散を基とした計算

① 母牛の総和(T_X)と平均($\bar{X}$)

$T_X = 7900 + 5710 + \cdots\cdots + 4410$
$\quad = 150680$

$\bar{X} = \dfrac{150680}{21} = 7175.2$

② 娘牛の総和(T_Y)と平均($\bar{Y}$)

$T_Y = 8130 + 11400 + \cdots\cdots + 4210$
$\quad = 170890$

$\bar{Y} = \dfrac{170890}{21} = 8137.62$

③ 母牛 $(X - \bar{X}) = x$ の平方和, 分散 (S_x^2) と偏差 (S_x)

$x^2 = (7900 - 7175.24)^2 + (701 - 7175.24)^2$
$\quad\quad + \cdots\cdots + (4410 - 7175.24)^2$
$\quad = 66083723.81$

$S_x^2 = \dfrac{66083723.81}{21 - 1} = 3304186.19$

$S_x = \sqrt{33041186.19} = 1817.74$

④ 娘牛 $(Y - \bar{Y}) = y$ の平方和, 分散 (S_y^2) と偏差 (S_y)

$y^2 = (8130 - 8137.62)^2 + (11400 - 8137.62)^2$
$\quad\quad + \cdots\cdots + (4210 - 8137.62)^2$
$\quad = 64240180.95$

$S_y^2 = \dfrac{64240180.95}{21 - 1} = 3212009.05$

$S_y = \sqrt{3212009.05} = 1792.21$

⑤ 母牛 (x) と娘牛 (y) の積和と共分散 (S_{xy})

$x_y = (7900 - 7175.24)(8130 - 8137.62)$
$\quad\quad + (5701 - 7175.24)(11400 - 8137.62)$
$\quad\quad + \cdots + (4410 - 7175.24)(4,210 -$
$\quad\quad 8137.62)$

$\quad = 11810461.90$

$S_{xy} = \dfrac{1181046.90}{20} = 590523.10$

⑥ 母牛 (x) と娘牛 (y) の相関 (r_{xy})

$r_{xy} = \dfrac{590523.10 \times 1792.21}{1817.74} = 0.18126$
$\quad \simeq 0.18$

⑦ 回帰係数 (b)
母と子の乳量の共分散 (S_{xy}) 母の乳量の分散 (S_x^2)

$b = \dfrac{590523.10}{3304186.19} = 0.179 \simeq 0.18$

⑧ 遺伝率 (h^2)　回帰係数 (b) × 2 あるいは相関 (r_{xy}) × 2

$h^2 = 2b = 2 \times 0.179 = 0.358$

9.8　育種価

　家畜の遺伝的改良の目標は, 改良を目指す集団に存在する有用な遺伝子の遺伝子頻度を高めていくことである. しかし, 選抜の対象となる個体がどれほど多くの有用な遺伝子を保有しているかを外見や数的に把握することは極めて困難である. そこで, それに代わる選抜基準として, 育種価 (breeding value：BV) が用いられる. 育種価とは, ある個体のある形質(乳量や枝肉重量など)に働く相加的な遺伝子効果を表す. したがって, 家畜を選抜して経済形質を向上させるためには, 可能な限り正確な育種価を推定することが重要である.

9.8.1　育種価の推定

　育種価には, 対象となる個体が推定育種価を持たない場合, その子孫の情報 (測定値, 例：体重) と当該形質の遺伝率から計算した「推定育種価 (estimated breeding value：EBV)」と, 両親の育種価を平均して計算される「期待育種価

（predicted breeding value：PBV）」がある．

a 推定育種価の算定法

ある個体 A の測定値の平均値（Y）が記録され，A が所属する集団の平均値（μ）が知られており，かつ対象となる形質（例：乳量）の遺伝率が既知である場合，個体 A の推定育種価を算定する計算式は，推定育種価（EBV_A）＝遺伝率（h^2）×（Y − μ）となる．また，育種価の正確度は遺伝率の平方根（$\sqrt{h^2}$）で示される．

たとえば，ある雄牛 A と B の 1 歳時体重がそれぞれ 420 kg と 410 kg であったとする．1 歳時体重の集団平均が既知で 380 kg であるとすれば，これらの雄牛の育種価は，次のように推定される．ただし，1 歳時体重の遺伝率は 0.62 であるとする．

すなわち，雄牛 A の推定育種価は，EBV_A = 0.62 ×（420 − 380）= ＋24.8 kg であり，雄牛 B の推定育種価は，EBV_B = 0.62 ×（410 − 380）= ＋18.6 kg と算定される．

この結果から，雄牛 A のほうが雄牛 B より"遺伝的に"優れていることがわかる．

通常，集団の平均値は既知でない場合が多いので，その場合は，同一時期に同一条件で飼育されたすべての雄牛の 1 歳時体重の平均値を集団平均値として用いる．

b 期待育種価の算定法

両親がそれぞれ育種価を保有している場合，それらの子の育種価は，両親の育種価の和の 1/2 となる（図 9-17）．

したがって，交配する種雄牛を選択することにより，同じ母牛から育種価の異なる娘牛が得られる（図 9-18）．種雄牛 A を交配に選べば，乳量の育種価は高いが乳脂率の育種価が −の母牛から，乳量は母牛程度でも乳脂率の育種価が ＋の娘牛が得られる．一方，娘牛 Y の乳量を重視する場合は，種雄牛 B を選択すればよい．

c 表現型値に及ぼす非相加的遺伝子効果

家畜の遺伝的改良には，有用な個体を選抜して交配に供する選抜育種が基本である．このとき，親から子へ伝達されるのは遺伝子型（例：Aa）で

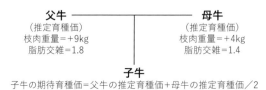

図 9-17　親牛の推定育種価からの子牛の期待育種価の算出

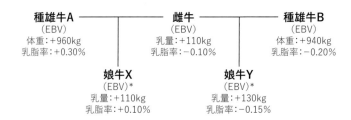

図 9-18　推定育種価（EBV）の異なる種雄牛を同一雌牛に交配した場合の娘牛の EBV
＊：娘牛の EBV の算出法は表 9-7 を参照

はなく，遺伝子（例：A または a）である．量的形質を支配する遺伝子の効果が，ホモ接合体とヘテロ接合体でことなる場合がある．たとえば，表9-7で遺伝子型 DD における D 遺伝子1個あたりの効果は 6,400 ／2 ＝ 3,200 kg となる．一方，AA に A の効果は，3,600 ／2 ＝ 1,800 kg となる．

表9-7　乳牛におけるトランスフェリンの遺伝子型と乳量

遺伝子型	遺伝子型頻度	平均乳量(kg)
DD	0.36	6,400
AD	0.48	4,600
AA	0.16	3,600

（水間豊 他，新家畜育種学，朝倉書店，1996，一部改変）

遺伝子頻度　D：0.6，A：0.4
集団平均値
μ ＝ 0.36 × 6400+0.48 × 4600+0.16 × 3600 ＝ 5088
遺伝子の平均効果
a D：｜(0.36 × 6400+0.48 × 4600 ／ 2) ／ 0.6｜ − 5088
　　＝ 592
a A：｜(0.16 × 3600+0.48 × 4600 ／ 2) ／ 0.4｜ -5088
　　＝ -888
遺伝子型値(G)　平均乳量−集団平均値
　　　　　　　DD：6400 − 5088 ＝ 1312
　　　　　　　AD：4600 − 5088 ＝ − 488
　　　　　　　AA：3600 − 5088 ＝ − 1776
育種価(BV)　　遺伝子の平均効果の組み合わせ
　　　　　　　DD：592+592 ＝ 1184
　　　　　　　AD：−888+592 ＝ − 296
　　　　　　　AA：− 888+（− 888）＝ − 1776
顕性偏差(D)　　遺伝子型値−育種価
　　　　　　　DD：1312 − 1184 ＝ 128
　　　　　　　AD：−488−（−296）＝ − 192
　　　　　　　AA：− 1488−（− 1776）＝ − 288
分散
σ A^2：$(1184)^2$ × 0.36 ×$(296)^2$ × 0.48+$(1776)^2$ × 0.16
　　＝ 1051392
σ D^2：$(128)^2$ × 0.36 ×$(192)^2$ × 0.48+ $(288)^2$ × 0.16
　　＝　36864
σ G^2：$(1312)^2$ × 0.36 ×$(488)^2$ × 0.48+$(1488)^2$ × 0.16
　　＝ 1088256
σ G^2 ＝ σ A^2+ σ D^2
表現型値(P)＝集団平均(μ)＋ 育種価(BV)+顕性効果(D)
　　　　　　　DD：5088 + 1184 + 128 ＝ 6400
　　　　　　　AD：5088 + (−296) + (− 192) ＝ 4600
　　　　　　　AA：5088+(−1776)+(−288) ＝ 3600

もし，遺伝子の効果が相加的(加算的)に作用するとすれば，AD 型の遺伝子型値は 3,200 ＋ 1,800 ＝ 5,000 kg となるはずである．しかし，実際には，4,600 kg となっており，これは，D 遺伝子が A 遺伝子に対し不完全顕性(顕性効果)であることを示している．このように，複数の遺伝子が関与する量的形質では，遺伝子間の相互作用を考慮する必要がある．相互作用には，その他にもエピスタシス効果がある．

「遺伝率」の項で述べたように，量的形質を支配する複数の遺伝子の作用には，個々の遺伝子の相加的(加算的)効果である相加的遺伝子効果と遺伝子の効果が加算的でない非相加的遺伝子効果，すなわち，顕性効果とエピスタシス効果を考慮する必要がある．したがって，遺伝子型値(G) ＝ 相加的遺伝子効果(A) ＋ 非相加的遺伝子効果(顕性効果＋エピスタシス効果) であり，相加的遺伝子効果(A) ＝ 育種価(BV)であるので，表現型値(P) ＝ 集団平均(μ) ＋ 育種価(BV) ＋ 顕性効果(D) ＋ エピスタシス効果(E) ＋ 環境偏差(e)と表される．

これらの効果のうち，顕性効果やエピスタシス効果は，メンデルの独立・分離の法則に従ってそのまま親から子へ伝達されるものではない．したがって，非相加的遺伝子効果（顕性効果とエピスタシス効果）を知ることはきわめて困難で，後代に直接伝達されるのは相加的遺伝子効果であり，それらの平均的な効果の総和が育種価（breeding value：BV）である．すなわち，育種価(BV)（＝ 相加的遺伝子効果 A）＝ 表現型値(P) − 集団平均(μ) − 顕性効果(D) − エピスタシス効果(E) −

表9-8　枝肉重量の表現型値に関与する構成成分

子牛 No	表現型値 (kg)	集団平均 (μ)(kg)	遺伝子型効果		環境偏差(e)
			育種価(BV)[※]	顕性効果(D)[※※]	
A	435	430	X	2	− 2

※：相加的遺伝子効果
※※：非相加的遺伝子効果．なお，遺伝子間にエピスタシス効果はないものとする

環境偏差（e）（式 a）と表される.

一般に表現型値（体重などの測定値）や集団の平均値以外，非相加的遺伝子効果や環境の影響を知ることは困難であるが，たとえば，肉用牛の枝肉重量の表現型値に関する構成成分が表 9-8 に示したようであったとすると，子牛 A の育種価（BV）は次式から推定される.

子牛 A の育種価の推定値（X）は，前記の式 a から X = 435 kg － 430 kg ＋ 2 － 2 ＝ ＋ 5 kg となる.

9.8.2 ブラップ（BLUP）法の利用

個々のウシの能力を検定する場合，牛群検定参加農家からの情報を基に検定するフィールド方式が一般的であるが，飼養状況や検定時期（季節）などのさまざまな条件が異なる. また，特定の試験場（例：一般社団法人家畜改良事業団，広島産肉能力検定場）などを検定場とする検定場方式であっても，選抜の対象となる個体のすべてを同一時期に，しかも同一条件で検定することはきわめて困難である. また，単純にすべての個体の平均値を集団平均と見なして育種価を推定すると誤差が大きくなる. そこで，遺伝率や遺伝相関などの遺伝的な統計量が知られている. しかも集団平均値が既知であるか，あるいは選抜の対象となっている個体が同一時期に同一条件で飼育されている場合，検定農家，年次，検定時期（季節）などの環境的な要因を取り除き，遺伝的度合いを取り入れ，より正確で偏りのない育種価を推定できるブラップ法（BLUP 法，Best Linear Unbiased Predictor：最良線形不偏予測法，Henderson，1973）が用いられるようになった. ブラップ法は，さまざまな環境要因や個体間の血縁関係の情報などをモデルに組み込んで補正しながら育種価を推定する方法であるため，さまざまな状況に対して適応性が高い. 現在ではウシの推定育種価の算定にはこの方法が多く用いられている. なお，家畜の乳量や枝肉重量などのデータは，年々あるいは半年ごとに新しいデータが加わるので，同じ個体であってもその都度育種価の数値は変わる可能性がある.

9.9　QTL 解析

家畜の経済形質のほとんどは，多数の遺伝子および環境的な要因に支配された量的形質であり，それらの遺伝子の 1 つ 1 つを同定することはきわめて困難である. このような量的形質を支配する遺伝子を同定するためには，分子遺伝学的な手法に加えて統計遺伝学的な手法が必要となる.

家畜の乳量や産肉量などの量的形質を支配している遺伝子座（locus，複数は loci）は，量的形質遺伝子座（quantitative trait loci：QTL）と呼ばれる. また，量的形質の発現に関与している QTL の数やそれらの染色体上の位置を特定し，QTL における個々の対立遺伝子の作用や効果などを明らかにすることを QTL 解析という. QTL 解析には，解析のための実験計画や統計的方法が含まれる. また，QTL を特定し，それらの染色体上の位置を推定するための解析が QTL マッピング（QTL mapping）（図 9-19）と呼ばれる.

量的形質に関与する複数の遺伝子の中から，ある形質（例：乳量）に直接関与する遺伝子（責任遺伝子あるいは原因遺伝子）を特定することは極めて困難である. これまでに，*DGAT*1（diacylglycerol o-acyltransferase 1：脂肪の主成分であるトリグリセリド合成に関与）遺伝子が乳牛の乳量や乳成分に関与する遺伝子として同定されており，また，ブタにおける筋肉の成長と脂肪蓄積に関与する QTL として *IGF*2（insulin-like growth factor 2：成長因子の 1 つ）遺伝子などが知られている. しかし，両遺伝子ともそれぞれの形質のすべてを支配しているのではなく，あくまでも形質に関係している遺伝子の 1 つにすぎない.

近年の分子生物学の進展により，各種の形質に

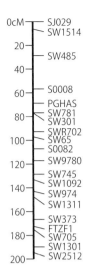

図 9-19 ブタの第 1 染色体（SSC1）の QTL
左の数字は染色体上の距離（cM, センチモルガン），右の文字は DNA マーカーの名称．ほかの染色体においても多くの QTL が同定されている．(Hidalgo ら，2013)

強く関与する主要遺伝子の近辺に存在（連鎖）する DNA マーカー（非コード DNA）が多数発見されている．これまでに，RFLP（制限酵素断片長多型），マイクロサテライト，ミニサテライト，RAPD（ランダム増幅 DNA 多型），SSR（単純反復配列多型），AFLP（増幅断片長多型），SNPs（一塩基多型）などが DNA マーカーとして同定されている．

QTL 解析に DNA マーカーが有用である理由は次の通りである．すなわち，ある特定の DNA マーカーが QTL の近辺に位置（連鎖）していれば，その QTL の対立遺伝子は，DNA マーカーのアリル（タンパク質をコードしない対立遺伝子）と一緒に次世代へ伝達される（図 9-20）．したがって，個体間の DNA マーカー型（アリル）の違いは，その近辺に存在する QTL 遺伝子の違いにより生じる個体間の表現型値の違いに関係する．

現在，主要家畜では，ゲノムの全域にわたる DNA マーカーの高密度連鎖地図が作成されており，これらの情報を利用することにより，DNA マーカーと量的形質の表現型値（乳量，産肉量な

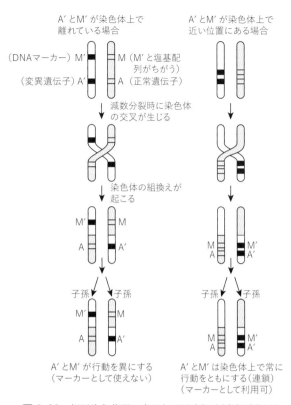

図 9-20 相同染色体間の交叉と原因遺伝子（責任遺伝子）と DNA マーカーとの連鎖
(東條英昭・佐々木義之・国枝哲夫, 応用動物遺伝学, 朝倉書店, 2007)

ど）との関連性の解析や，量的形質の遺伝的変異（バラツキ）に関与する QTL の染色体領域を特定することが可能となった．

実験動物での QTL 解析では，特定の量的形質の表現型が異なる近交系や遺伝的に分化している系統などが利用される．

9.10 選抜の方法

家畜の評価は，通常，単一の形質のみでなく複数の形質を指標に決定される．

複数の形質を同時に改良する方法として，

① 1 つの形質について一定の水準に達するまで選抜して改良を進め，それが達成された時点で次の形質について選抜を行う順繰り選抜法

② 複数の形質についてそれぞれ独自に淘汰水準

を設定して選抜する独立水準法

③選抜しようとする形質の重点度について選抜指数を作成し，それを基にコンピュータープログラム（Animal Breeding Computer Program：ABCP）を用い総合的に判断し選抜する方法などがある．なお，選抜指数とは，複数の形質を同時に改良したいときに選抜の指標として用いる総合得点の一種である．

家畜においてもいくつかの遺伝性疾患に直接関与する原因遺伝子や原因遺伝子と連鎖するDNAマーカーが同定されている．原因遺伝子やDNAマーカーを利用すれば生育の初期の段階で遺伝性疾患を診断することが可能である．これをDNA診断といい，遺伝子診断とDNAマーカーによる診断とがある．ここでは，単一遺伝子による遺伝性疾患のDNA診断とそれらの選抜について解説する．

9.10.1 遺伝子診断

遺伝性疾患に直接関与する原因遺伝子が同定され，原因遺伝子内の変異が判明している場合は，PCR-RFLP法やAS（allele specific）-PCR法などにより遺伝子診断や遺伝子型診断が可能である．この場合，原因遺伝子の遺伝様式はメンデルの法則に従い単純な分離比として現れるので，遺伝子診断により比較的容易に原因遺伝子を動物集団から除去できる．

9.10.2 マーカーアシスト選抜

量的形質や遺伝性疾患に関与する原因遺伝子が特定されていなくても，それに強く連鎖するDNAマーカーが同定されれば，このマーカーを利用したDNA診断が可能である（9.12 節参照）．ウシの角性（有角と無角）やウィーバー病（進行性後肢麻痺や運動失調など）などが，DNAマーカーによる診断が可能であり，その他の遺伝性疾患についてもDNAマーカーの探索が精力的に行われている．このように，DNAマーカーを利用して形質を選抜する方法をマーカーアシスト選抜とい

い，質的形質だけでなく量的形質の選抜にも利用されている．

なお，家畜における原因遺伝子の除去，とくに原因遺伝子を保有するキャリアー種雄の淘汰には慎重な戦略が必要である．すなわち，原因遺伝子が同一染色体上で有用形質を支配している未知の遺伝子と連鎖している可能性を十分に考慮する必要がある．

9.11 育種目標

9.11.1 育種目標と時代の変化

ウシやウマはブタやニワトリなどに比べ世代間隔が長いため，育種目標に達するまでには長大な時間を要する．しかし，多くの世代にわたって選抜し育種目標に達しても，社会情勢（社会のニーズ）が変化すれば，目標の重要性が失われる可能性がある．たとえば，19世紀代の米国では，冷蔵庫の普及とともにラードタイプのブタが造成されたが，第一次大戦後には，ラードよりもバターの需要が高まり，また，ブタ肉が生肉用や加工用として利用されるようになり，育種目標がベーコンタイプに変化した歴史がある．近年では，脂肪分の少ない赤肉を目指したミートタイプが造成されている．

したがって，家畜の育種目標は，将来の社会情勢や市場動向を十分に考慮しながら設定する必要がある．

9.11.2 普遍的な目標形質

時代や需要の動向などに影響されず一貫して家畜の性能向上を目指した形質が，以下のような形質である．

①繁殖能力が高く，早熟で，繁殖年限が長い

②発育が早く，飼料効率がよい

③性質が温順で，取り扱いやすい

④飼料，温室度，光，その他環境諸条件の変化に対して適応度が高い

⑤強健で，疾病に対し抵抗力を持っている，各

形質が均質である，生産物の質がよい

9.11.3　国内における家畜の育種目標

　日本では，1950 年（昭和 25 年）に制定された家畜改良増殖法に従って，農林水産省（農林水産大臣）が各家畜（乳用牛，肉用牛，豚，馬，めん羊，山羊）ごとに家畜改良増殖目標（能力，体型および頭数）を定めている．なおニワトリの育種目標については，別に「鶏の改良増殖目標」で定められている．これらの育種目標は，ほぼ 5 年ごとに経済的発展，消費動向，農業の生産動向の見通しなどを基に畜産振興審議会の審議を経て決定されている．最新の改正は，2020 年（令和 2 年）に行われており，乳用雌牛の改良目標の例を表 9-9 に示した．

9.12　遺伝性疾患

　家畜の育種では，生産上不利な遺伝形質を家畜集団から除去することも重要な課題である．これまでに，主要家畜においてさまざまな遺伝性疾患が見出されており，それらの疾患の原因遺伝子が特定されたものもある．

9.12.1　乳牛（ホルスタイン）

　国内のホルスタイン種では，世界ホルスタイン連盟が勧告した DNA 検査により原因遺伝子の保有を示す 13 種類の遺伝性不良形質が確認されている．そのうち，白血球粘着性欠如症（BLAD），複合脊椎形成不全（CVM），単蹄（MF），短脊椎症／ブラキスバイナ（BY），HH1（HH1），コレステロール代謝異常（CD／HCD）の 6 種類は遺伝子診断が可能である．

9.12.2　和牛

　黒毛和牛では，血液凝固第 X Ⅲ 因子欠乏症，バンド 3 欠損症など 11 種類の遺伝性疾患が報告されている．そのうち，クローディン 16 欠損症，第 13 因子欠損症，バンド 3 欠損症，IARS 異常症，モリブデン補酵素欠損症の遺伝子検査が種畜について実施されている．なお，その他の遺伝性疾患については，動物の遺伝性疾患のデータベースである Online Mendelian Inheritance in Animals（OMIA，https://omia.org/home/）を参照されたい．

表 9-9　乳用雌牛の能力に関する表現型値目標数値（ホルスタイン種全国平均）[※]

乳量		乳成分		
		乳脂肪	無脂乳固形分	乳蛋白質
現在	8,636 kg (9,776kg)	3.9 %	8.76%	3.28 %
目標 （2025 年度）	9,000 ～ 9,500 (10,000 ～ 10,500)	現在の乳成分率を引き続き維持		

注 1：「乳量」の上段は，全国経産牛 1 頭当りの年間平均乳量に基づく数値である．
注 2：「乳量」の下段の（　）内は牛群検定参加農家の平均値に基づく数値である（搾乳牛 1 頭当たり 305 日，2 回搾乳の場合に基づく数値である）．
注 3：「乳成分」の数値は，年間平均値である．
※：農林水産省「家畜改良増殖目標」，2020 年 3 月より引用

第10章
実験動物の育種

実験動物の育種を考える場合，家畜の育種と大きく異なる点は，それらの利用目的の違い，すなわち，育種目標に大きな相違がある．家畜の育種目標は，乳量，肉量，産卵数などの経済能力の向上を目指しているのに対して，実験動物の育種目標は，医学，薬学，生物学などの試験・研究分野における多面的な利用目的に対応して設定される．

10.1 実験動物の定義

実験動物とは狭義には試験（検定・診断・製薬）・研究（生物学，医学，薬学，農学）・教育やその他科学的な目的で使用するために，開発・育成・繁殖・生産された動物をいう．また，広義には家畜などの産業用動物や野生動物を科学的な利用目的で転用した動物を含めて実験用動物として取り扱うこともある．実験動物の有用性は，特性を持つ，遺伝的に均質である，大量生産が可能であるなどの条件を満たすと同時に，動物実験の精度や結果の再現性を高めるための環境条件の統御や微生物的統御が重要である．

10.2 実験動物化の手段

小型哺乳類を実験動物化する場合，第1は特定の目的を持たずに実験動物化し，固定した後にあらためてその特性を解析し，どのような試験・研究に適しているかを検討する手段である．第2は，すでにある程度特性が明らかな動物を利用目的に沿って実験動物として固定する手段である．

野生動物を実験動物化する場合には，それらの生物学的特性を十分に解析し，また，それらの特性が実験動物としてどのような学問領域で有効かを解析する必要がある．さらには，経済的な観点や取扱いやすさやなどの条件を十分に検討する必要がある．一方，現存する実験動物を育種改良する場合は，1）遺伝子組成の類似性，2）有用な特性，3）増殖方法の確立，などの条件を満たすことが基本となる．

10.3 育種の目標

10.3.1 一般的な目標

実験動物の一般的な育種目標は，特定の研究や生物検定などの目的に適した品種や系統を造成し維持することにある．共通の指標としては，1）成長や発育が早いこと，2）繁殖能力が高いこと，3）性質が温順で飼いやすく，取り扱いやすいこと，4）強健であり，病気に対して抵抗性がある，5）飼料，温度，光，その他の環境に対し適応性が高いなどの条件が求められる．

10.3.2 研究や試験・生物検定に対応した目標

研究に対応した目標の場合には，現在の研究課題だけでなく将来重要となることが予測される課題にも対応して育種目標を設定する．現状では，育種目標の多くは医学や薬学に関連しており，がんや糖尿病などのヒトの疾患に適応したヒト疾患モデル動物の開発が精力的に行われている．そのほかに，それぞれの学問領域に固有の目標が設定されている．たとえば，畜産学領域では，成長，繁殖，泌乳，飼料効率などの経済能力を異にする系統の開発，獣医学領域では，家畜の疾患モデル動物，家畜の病原微生物に対して感受性や抵抗性

表 10-1 遺伝的に統御された実験動物の分類

区分	定義と内容
近交系 (inbred strain)	近親交配の継続によって造成された系統. マウスの場合は兄妹交配または親子交配を 20 代以上継続 ($F = 98.6\%$, $R = 99.6\%$) している系統. ただし, 親子交配と兄妹交配とを混同しない.
ミュータント系 (mutant strain)	特定の遺伝子または染色体上に変異が生じ, 遺伝子記号で表示できる遺伝子型を特性とする系統. また, 選抜淘汰によって特定の遺伝形質を維持できる系統. 例：肥満 (obesity, 遺伝子記号：*ob*), 糖尿 (diabetes, 遺伝子記号：*db*)
クローズドコロニー (closed colony)	通常, 起源は近交系に由来するが, 一定の集団内のみで繁殖が継続されている群. この場合, 兄妹交配の継続を中止した群と, 近交系由来ではないが, 5 年以上特定の集団内のみで繁殖が継続されている群の 2 つに区分される.
交雑系 (hybrid)	品種間や系統間の交雑種 (F_1, F_2) で, 戻し交雑種, 3 元雑種, 4 元雑種などが含まれる. 実験動物としては近交系間の交雑による F_1 の価値が高い.

F：近交係数, R：血縁係数, 上記以外で遺伝的に統御されていない動物をモングレル (mongrel：雑種) と呼ぶ

表 10-2 マウスのおもな系統とその特性

系統		おもな特性
近交系	AKB (アルビノ)	リンパ性白血病を効率に発生 (70 ～ 90%). 精巣重量が他の系統より小さい. 血中カタラーゼ活性が高い.
	BALB/c (アルビノ)	発がん物質により乳がん高発. 放射線に感受性, 老齢時に動脈硬化を多発
	CBA (野生色)	繁殖性が高い. ビタミン K の不足に感受性, 亜系の特性差が大きい.
	C3H/He (野生色)	乳がんの自然発症率が高い (70～100%), 雄に肝腫瘍が好発. 補体活性が高い.
	C57BL/6 (黒色)	乳癌の自然発症率が低い. 発がん物質に低感受性. 無眼症 (3 ～ 17%), 水頭症 (2 ～ 4%) が発生, 脱毛が起こりやすい.
	DBA/2 (淡チョコレート色)	繁殖性が悪く, 産子数が少ない. 高周波に敏感で, 聴原生発作を起こす. 心臓に石灰沈着 (12 か月齢, 90%)
	DDD (アルビノ)	乳腺腫瘍ウイルス (MTV) を保有, 日本で近交化
クローズドコロニー	ICR (アルビノ)	繁殖, 発育が良好で多産, 飼育が容易, 比較的体躯が大型で繁殖
	Ddy (アルビノ)	繁殖, 発育良好, 飼育が容易
交雑系	BDF$_1$ (黒色) の皮膚や B6C3F$_1$ (野生色)・CDF$_1$ (シナモン色)	飼育が容易, 強健, 環境への適応性が高い. 腫瘍の発生率が低く, 寿命 2 年以上. 両親の系統からの皮膚や癌細胞の移植が可能, B6C3F$_1$ は長期毒性試験や発癌試験に適す

( )内は毛色
BDF$_1$：C57BL/6 ♀ × DBA/2 ♂の F$_1$, B6C3F$_1$：C57BL/6 ♀ × C3H/He ♂の F$_1$, CDF$_1$：BALB/c ♀ × DBA/2 ♂の F$_1$
(東條英昭, 続医薬品の開発 1 巻, 実験動物の飼育と利用, 廣川書店, 1991)

などを異にする系統などの開発が行われている. そのほかに, 抗がん剤, ホルモン類, ビタミン類, 生物学的製剤 (各種ワクチン, 血液製剤など) などを試験・検定する上で有用な系統を造成する目標がある.

10.3.3 各種系統の造成と維持

通常の動物種では近親交配を継続すると近交退化が起こり, 近交系の造成が不可能であるが, マウスやラットでは, 遺伝的にきわめて近交度が高く, また遺伝的に特異な系統が造成されている (表10-1, 10-2).

a 近交系の造成と維持

兄妹交配を 20 世代継続すると, 近交係数は98.6%, 血(近)縁係数は99.6%となり (表10-1), 国際的な近交系の規定に達する. なお, これ以上の兄妹交配を継続しても, 両係数ともに100%に至らない. その理由は, 配偶子 (卵子, 精子) が形成される際の減数分裂時にある頻度で相同染色体間の組換えが起こるからである. マウス, ラットなどの一部の実験動物以外では, 近交度が高くな

ると不妊などの近交退化現象（第9章 p.62・63参照）が起こり，兄妹交配の継続が不可能となる．また，近交系の特性を発揮させるためには，遺伝的統御，微生物的統御や環境的統御（飼育環境など）が十分に順守されていることが重要である．

近交系を維持するためには，まず，一定の個体数を確保し，系統が途絶えることを防ぐ必要がある．また，他の系統との不測の交雑を避けなければならない．近交系は維持集団内で兄妹交配を継続することにより維持される．さらに，系統の維持を確認するには定期的な遺伝的モニタリングが必要である．たとえば，ラットでは20種以上のDNAマーカーを利用した遺伝的モニタリングが行われている．マウスでは20種以上のSNP（single nucleotide polymorphism：一塩基多型）マーカーを利用したDNA解析を行い，系統の維持を確認している．なお，近交系の特性は，致死遺伝子のような不利な遺伝子が存在しないことである．

1) コンジェニック（congenic）系

ある近交系Aと特定の遺伝子座（X）のみが異なる変異系B（必ずしも近交系でなくてもよい）とを交配し，生まれたF_1に近交系Aを戻し交配（図10-1）する．さらに，生まれた後代の中で変異遺伝子Xを持つ個体をさらに元の近交系Aと交配する．このような戻し交配を20世代繰り返して造成された系統がコンジェニック系である（図10-1）．コンジェニック系は，マウスの皮膚移植の際の拒絶反応を決定する遺伝子の同定などに利用されている．

2) リコンビナント近交系群

2つの近交系の間での雑種第2代（F_2）のなかから，雌雄多数のペアを作り，各ペアを祖先としてそれぞれに兄妹交配を12世代以上続けて作出した近交系群をリコンビナント系群（recombinant inbred strains）という（図10-2）．これらの系統群は，遺伝子のマッピングなどに利用される．

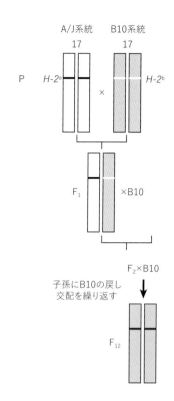

図10-1 マウスのA/J系統のH-2遺伝子（第17染色体）をC57BL/10（B10）に導入したコンジェニック系統の作成

A，B：両系統のH-2遺伝子座のハプロタイプは異なる．毎世代でA/J系統とH-2遺伝子を保有する個体を選び，B10を戻し交配すると，H-2遺伝子をもつ第17染色体のうち1本は必ず子孫に伝達される．戻し交配を繰り返すと，しだいに，第17染色体以外の染色体はB10のものに置き換わると同時に，染色体の組換えにより，H-2領域以外の領域はB10の領域に置き換わる．戻し交配を12世代繰り返すとコンジェニック系統が確立される．以降は，兄妹交配によって系統を維持する．ただし，A/J系統のH-2遺伝子のみが置き換わるのではなく，組換えの物理的限界により，H-2遺伝子の近辺に存在する遺伝子も同時に導入される可能性がある．

b ミュータント系の造成と維持

ミュータント系は，特定の変異原を投与して作り出すような方法以外は，通常，飼育集団内で偶然に発見されるのがほとんどである．発見された個体は，遺伝的に顕性か潜性かなどの形質の確認，外見で識別できるかどうか，繁殖能力があるかどうか，ホモ個体が致死作用を有するどうかなどを調べる．変異の形質が外見では識別できない場合，系統の維持は，通常，生理学的・生化学的検査を利用して行われる．

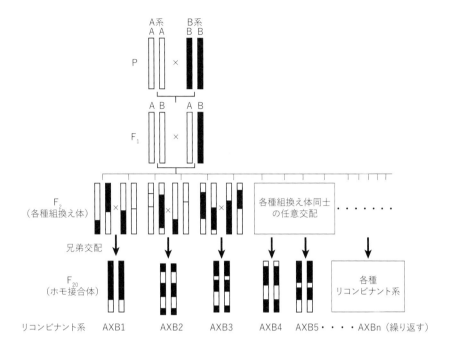

図 10-2 近交系 A と近交系 B を親系統としたリコンビナント系の作出

F_1 のゲノムは全ての遺伝子座でヘテロである．F_2 では，様々な組換え体が混在している．F_2 の中から任意に雌雄を選び，兄妹交配を 20 世代以上繰り返すと，最終的に，A系統の遺伝子と B 系統の遺伝子が混在するが，全ての遺伝子座がホモに固定された近交系が得られる．これらの近交系のセットをリコンビナント(RI)系統という．

c クローズドコロニーの維持

まず，コロニー内で複数の小グループに分かれないようにすることである．分かれた小グループが独立して繁殖し続けると，グループ間で遺伝的に異なった個体が生じる．次に，クローズドコロニーに存在するヘテロ性ができるだけ変化しないように維持する．そのためには，コロニーの個体数を多くし，近親交配を避ける．

第11章 伴侶動物の育種

　伴侶動物（companion animal）とは，哺乳類，鳥類，爬虫類，両生類，魚類などのさまざまな生き物の中で，長い年月人々とともに暮らしてきた愛玩用動物の総称である．ここでは，身近な伴侶動物であるイヌとネコについて紹介する．

11.1 イヌの生物学的分類

　イヌ (dog) は，食肉目（ネコ目），イヌ亜目，イヌ科，イヌ属に分類される哺乳類の一種で，学名は *Canis lupus familiaris* である．

11.1.1 イヌの起源（家畜化）

　イヌは，人類が最初に家畜化した動物といわれ，起源は，約1万5千年前から10万年前にオオカミから家畜化された．現存しているオオカミの中では，ハイイロオオカミが最もイヌに近い．しかし，いつどこで，どのように家畜化されたかは諸説あり確定していない．発生した地域は，東アジア説，中東アジア説，中央アジア説，ヨーロッパ説などがある．現在もイヌの起源を分子遺伝学的に解析した研究が報告されている．

11.1.2 イヌの品種（犬種）

　世界には在来種なども含めると400種類以上の犬の品種がいるといわれている．このような多種・多様な品種が形成されるまでには，2回の遺伝学的なイベントが生じている．1回目は，オオカミからイヌへの分岐であり，2回目は，人が好みに応じて用途や姿形や気質（性格）を持つイヌを人為的に交配する育種の過程である（図11-1）．

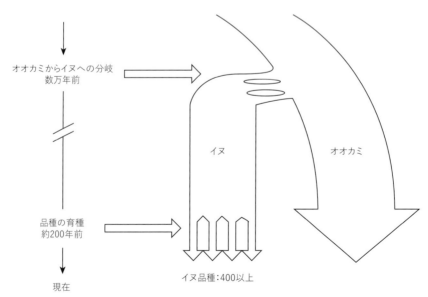

図11-1　イヌの品種（犬種）の成り立ち
（Lindblad-Toh ら，Nature，2005 を一部改変）

11.1 イヌの生物学的分類

表11-1 イヌの品種（犬種）の分類（FCI10グループ：ジャパンケンネルクラブ）

第1グループ（1G）	牧羊犬＆牧畜犬：シープドッグ ＆ キャトル・ドッグ（スイス・キャトル・ドッグを除く）	家畜の群れを誘導・保護するイヌ
第2グループ（2G）	使役犬：ピンシャー ＆ シュナウザー，モロシアン犬種，スイス・マウンテン・ドッグ ＆ スイス・キャトル・ドッグ，関連犬種	番犬，警護，作業をするイヌ
第3グループ（3G）	テリア	穴の中に住むキツネなど小型獣用の猟犬
第4グループ（4G）	ダックスフンド	地面の穴に住むアナグマや兎用の猟犬
第5グループ（5G）	原始的な犬・スピッツ：スピッツ ＆ プリミティブ・タイプ	日本犬を含む，スピッツ（尖ったの意）系のイヌ
第6グループ（6G）	嗅覚ハウンド：セントハウンド ＆ 関連犬種	大きな吠声と優れた嗅覚で獲物を追う獣猟犬
第7グループ（7G）	ポインター・セター：ポインティング・ドッグ	獲物を探し出し，その位置を静かに示す猟犬
第8グループ（8G）	7グループ以外の鳥猟犬：レトリーバー，フラッシング・ドッグ，ウォーター・ドッグ	7グループ以外の鳥猟犬
第9グループ（9G）	愛玩犬：コンパニオン・ドッグ＆トイ・ドッグ	家庭犬，伴侶や愛玩目的の犬
第10グループ（10G）	視覚ハウンド：サイトハウンド	優れた視覚と走力で獲物を追跡捕獲するイヌ

　1911年に設立された，国際畜犬連盟（Fédération Cynologique Internationale：FCI）は血統書を発行・管理し，純粋品種の犬籍登録や有能優良犬の普及などを目的とする組織である．FCIでは344犬品種（2018年3月現在）が登録されている．FCIに加盟している一般社団法人ジャパンケンネルクラブ（Japan Kennel Club：JKC）は，そのうち約200品種を登録している．FCIでは品種を，機能や形態などによって，10のグループに分類している（表11-1）.

　日本におけるイヌの推計飼養頭数は，892万頭である（2017年一般社団法人ペットフード協会調べ）．品種別の登録頭数の上位10品種は，プードル，チワワ，ダックスフンド，ポメラニアン，柴犬，ヨークシャー・テリア，ミニチュア・シュナウザー，シー・ズー，フレンチ・ブルドッグ，マルチーズ（2017年一般社団法人ジャパンケンネルクラブ）である．

11.1.3　イヌの遺伝子

　イヌの染色体数は2n＝78本である．イヌのゲノムは，約25億塩基対から成り，約2万種類の遺伝子で構成される．

11.1.4　遺伝性疾患と検査

　OMIA（p.77参照）でイヌの遺伝性疾患は714

種類が登録されている（2018年3月現在）．これらのうち，進行性網膜萎縮症（PRA），変性性脊髄症（DM），GM1ガングリオシドーシス，フォンビルブランド病（VWD）をはじめとする多くの遺伝性疾患の遺伝子検査が可能になっている．また，遺伝子検査は，疾患動物を同定するだけでなく，変異遺伝子を保有する個体を繁殖に利用しないことで，遺伝性疾患の個体を減らす有効な手段ともなる．なお，遺伝性疾患に関するデータベースはOMIA（Online Mendelian Inheritance in Animals），CHIC（Canine Health Information Center），アメリカン・ケンネルクラブほか，CIDD（Canine Inherited Disorders Database）カナダ，LIDA（Listing of Inherited Disorders in Animals）シドニー大学などがインターネットで公表している．

11.1.5　イヌの血液型

　イヌの血液型はDog Erythrocyte Antigen（イヌ赤血球抗原）の略であるDEAと呼ばれる．DEAは1，3，4，5，6，7，8をはじめ十数種類以上の血液型システムが存在する．また最近DalやKaiなど新しい血液型も見つかっている．DEA1システムのDEA1.1抗原は輸血に重要な血液型で，抗DEA1.1抗体でイヌは陽性（＋）と

83

第 11 章　伴侶動物の育種

表 11-2　イヌの DEA1.1 システム

DEA1.1 システム	赤血球	血漿中	分布
DEA1.1 陽性（＋）	DEA1.1 抗原あり	自然抗体なし	約 70 〜 80%
DEA1.1 陰性（−）	DEA1.1 抗原なし	自然抗体なし	約 30 〜 20%

陰性（−）に分類され，原則同じ血液型のイヌどうしでの輸血が行われる．ただし，DEA1.1 陰性血液は DEA1.1 抗原を発現していないため，交差適合試験で問題がなければ，DEA1.1 陽性犬に輸血可能とされる．ランダム集団における血液型の分布は概ね陽性が約 70％から 80％，陰性が約 30％から 20％である．また，品種により血液型の分布に差が認められる．たとえば，フレンチ・ブルドッグ，ジャーマン・シェパード・ドッグ，ドーベルマンなどは陰性が 80％を超える．イヌの DEA1.1 システムの概要を表 11-2 に示した．DEA1.1 の遺伝様式は，DEA1.1（＋）対立遺伝子は DEA1.1（−）対立遺伝子に対して顕性である．したがって，DEA1.1 陽性犬の遺伝子型は＋／＋，＋／−，陰性犬は−／−である．DEA1.1 抗原を規定する責任遺伝子はまだ同定されていない．

11.1.6　イヌの交配

イヌで使用されるブリーディング（breeding）という用語は，単に交配して子孫を増やすという意味ではなく，それぞれの犬種が持つ遺伝的な特徴（形質）を後代にわたって維持し，新たな利用目的に合った犬種を計画的に作出する場合に行われる交配を指す．

イヌの計画交配の基本は，既存の純粋種を維持するために，通常雌イヌの血統を考慮して交配相手（雄）を選択して行う．すなわち，雌イヌは，遺伝的な背景を知るために 5 代前までの血統書を調べた上で交配に供する．また，利用の目的（牧羊，狩猟，使役：盲導・探知，愛玩など）に応じた形態，能力，気質などのブリードスタンダード（犬種標準）を目標に何世代もかけて目的に合った個体を作出することにある．

交配の実際

1）インブリーディング（inbreeding：近親交配）

この交配法は，現在の純粋種を維持するために，3 世代祖までの血統内にある特定の個体間で交配する方法である．この方法は，優れたある個体の形質を固定する場合に有効である．一方，この方法を繰り返すと，近交度（近交係数）が増す結果，体型が小型化し，性格が過敏になるなどの不都合な形質も固定化される可能性がある．

2）ラインブリーディング（linebreeding：系統交配）

この交配法は，3 〜 5 代祖までの血統内にある特定の個体間で交配する方法である．この方法の利点は，インブリーディングで生じる弊害を最小限にしながら，ブリードスタンダードを維持できる点にあり，多くの交配がこの方法を利用している．

3）アウトブリーディング（outbreeding：系統外交配）

この交配法は，父犬と母犬がそれぞれインブリーディングかラインリーディングにより生まれたが，父母犬ともにそれぞれ 5 代祖まで血縁関係のない場合の交配をいう．この交配の目的は，インブリーディングの弊害を避けるために，インブリーディングにより創成された血統に，同じくインブリーディングにより創成された他の血統を導入し新しい品種を創成する場合に利用される．

4）インターブリーデイング（interbreeding：亜種交配）

この交配法は，同じ犬種（例：ダックスフンド）であるが，体のサイズや毛質の違いで独立した亜種どうしの交配を指す．交配例としては，ミニチュ

84

アダックスフンド・スムース（黒または白黒）×ミニチュアダックスフンド・ワイヤー（茶色，レッド）などがある．この交配法は，ブリードスタンダードが失われる欠点があるため，イギリスでは1990年以後禁止されており，他の諸外国の畜犬団体でも認めていない．日本では，一般社団法人ジャパンケンネルクラブが許可制を採用している．

11.2 ネコ

ネコ（cat）は，食肉目（ネコ目），ネコ亜目，ネコ科，ネコ属に分類される哺乳類の一種で，学名は *Felis silvestris catu* である．

11.2.1 ネコの起源

イエネコの祖先は，中東に生息していたヤマネコの亜種のリビアヤマネコである．ネコが最初に飼いならされたのは，最近の遺伝学と考古学の研究から，メソポタミア周辺の地域で約1万年前と報告されている．ネコが人間の周りで暮らしはじめたのは，人の集落付近で見つかるネズミや餌を目当てにしていたとされる．

11.2.2 ネコの品種（猫種）

ネコの品種は被毛が長い長毛種と被毛が短い短毛種に大別される．さらに，被毛の色，被毛の模様,顔の形や体の形,目の形や色など形態的に様々な違いがある．

ネコの品種の登録団体は，The Cat Fanciers' Association（CFA），The International Cat Association（TICA）などがあり，ネコの登録や血統の証明などを行っている．公認されているネコは，登録団体によって異なるが約50〜60品種，公認されていない品種を含めると約100種以上と言われている．CFA（2016年）の登録数が多い品種は，エキゾチック，ラグドール，ブリティッシュ・ショートヘアー，ペルシャ（チンチラ），メインクーン，アメリカン・ショートヘアー，スコティッシュ・フォールド，スフィンクス，アビシニアン，デボンレックスである．

日本にもCFAの支部（CFA JPAPAN REGION）などの登録団体がある．日本におけるネコの推計飼養頭数は，952万6千頭である（2017年一般社団法人ペットフード協会調べ）．正確なネコの品種別登録数は不明なところが多いが，複数の民間企業で品種別頭数のランキングが公表されている．たとえば，2015年度品種ランキング（0歳のみ）の上位10品種は，スコティッシュ・フォールド，アメリカン・ショートヘアー，マンチカン，ミックス（混血猫），ノルウェージャン・フォレスト・キャット，ブリティッシュ・ショートヘアー，ロシアンブルー，ラグドール，ペルシャ（チンチラ），メインクーンである（アニコムホールディング，2017）．

11.2.3 ネコの遺伝子

ネコの染色体数は，$2n = 38$本である．ネコのゲノムは約25億塩基対からなり，約2万種類の遺伝子で構成される．

11.2.4 遺伝性疾患と検査

OMIA（p.77参照）でネコの遺伝性疾患は519種類が登録されている（2018年3月現在）．これらのうち，多発性嚢胞腎（PKD）やピルビン酸キナーゼ欠損症（PK欠損症）をはじめとする遺伝性疾患の遺伝子検査が可能になっている．また，遺伝子検査は，疾患動物を同定するだけでなく，変異遺伝子を保有する個体を繁殖に利用しないことで，遺伝性疾患の個体を減らす有効な手段ともなる．

11.2.5 ネコの血液型

ネコはAB式血液型システムがあり，A型，B型，AB型に分けられる（ヒトのABO式血液型とはまったく別の血液型である）．ネコの血漿中には，血液型に対する自然抗体が存在し，とくに異型輸血は急性溶血性疾患を惹起する可能性が極めて高いため，同じ血液型のネコどうしで輸血が行われる．血液型の分布は，A型が一般的なタイプで，B型はまれ，AB型は非常にまれとされる（表11-3）．しかし，品種により，血液型の分布は

第 11 章　伴侶動物の育種

表 11-3　ネコの AB 式血液型

AB 式血液型	赤血球	血漿中（保有率）	分布＊（品種別分布）
A	A 抗原（Neu5Gc）	抗 B 抗体（約 95％）	一般的（約 40〜100％）
B	B 抗原（Neu5Ac）	抗 A 抗体（約 10〜35％）	まれ（0〜約 60％）
AB	A 抗原（Neu5Gc）・B 抗原（Neu5Ac）	なし	非常にまれ（0〜約 28％）

＊品種により異なる

異なる．たとえば，ブリティッシュ・ショートヘアーは B 型が約 62％，ラグドールは AB 型が約 18％である．

　ネコの AB 式血液型は抗原物質と遺伝子が明らかにされている．A 型抗原は N-グリコリルノイラミン酸（Neu5Gc），B 型抗原は N-アセチルノイラミン酸（Neu5Ac）である．この血液型は，CMAH（シアル酸水酸化酵素）に担われている．CMAH は Neu5Ac から Neu5Gc を合成する酵素である．この遺伝子座における正常の対立遺伝子は，変異対立遺伝子に対し顕性である．A 型のネコは正常対立遺伝子を 2 つまたは 1 つ保有している．B 型と AB 型のネコは 2 つの変異対立遺伝子を保有している．CMAH の遺伝子変異は多数報告されている．遺伝子変異は CMAH 酵素活性に影響を及ぼし，その程度は A＞AB＞B と考えられている．

　ネコの AB 式血液型において，母子間の血液型不適合により B 型の母ネコから A 型の子ネコが生まれた場合，B 型の母ネコの母乳中（初乳）に存在する抗 A 抗体を A 型の子猫ネコが摂取することで，子ネコの赤血球が破壊される．これを新生子同種赤血球溶血現象（Neonatal isoerythrolysis）

図 11-2　新生子溶血の原因となるネコ AB 式血液型不適合交配の例
母ネコの初乳中に存在する抗 A 抗体を，A 型の子ネコが摂取することで発症する．

という．新生子の溶血を防ぐためには，血液型を調べ母子間で血液型不適合とならない交配を行う必要がある．

11.2.6　三毛猫の模様と遺伝

　三毛猫は，白色，茶色，黒色の 3 色の毛色を持つ日本ネコで，ほとんどは雌である．三毛猫が雌であるのは，黒色と茶色の遺伝子が X 染色体上にあり，X 染色体を 2 つ持つ雌だけが，黒色と茶色の遺伝子を持つことができるためである．なお，白色の遺伝子は常染色体上にある．

　三毛猫の模様（黒や茶色のぶちの位置）は，X 染色体の不活性化に起因する．不活性化とは，2 つの X 染色体のうち，片方の染色体の機能が抑制

表 11-4　三毛猫の模様と遺伝

性別	オス		メス		
遺伝子染色体	$X^{茶}Y$	$X^{黒}Y$	$X^{茶}X^{茶}$	$X^{黒}X^{黒}$	$X^{茶}X^{黒}$
表現型（毛色／模様）	茶色	黒色	茶色	黒色	三毛猫

されることである．不活性化は，細胞ごとに生じる．そのため，不活性化された染色体上にある毛色の遺伝子が黒なら茶色となり，不活性化された染色体上にある毛色の遺伝子が茶色なら黒色となる．どちらの染色体がどこの細胞で不活性化されるかは発生初期に偶然決まるため，遺伝情報が100％一致する一卵性双生児であっても模様が完全に同じにはならない．すなわち，三毛猫の模様はX染色体の不活性化により偶然に決まる（表11-4）．

引用・参考文献・図書

1) 水間豊，猪貴義，岡田育穂，佐々木義之，東條英昭，伊藤晃，西田朗，内藤充：新家畜育種学，朝倉書店，1996.

2) 東條英昭，佐々木義之，国枝哲夫：応用動物遺伝学，朝倉書店，2007.

3) The Dog And Its Genome: Edited by Elaine A. Ostrander, Urs Giger & Kerstin Lindblad-toh . Cold Spring Harbor Laboratory Press cat genome. Genome Res.,Cold Spring Harbor, New York, 2005.

4) Pontius JU, et al.: Initial sequence and comparative analysis of the 17 (11): 1675-1689, 2007.

5) Nicholas 著，鈴木勝士監訳：獣医遺伝学入門 第2版，学窓社，2008.

6) C. A. ドリスコルら：1万年前に来た猫，日経サイエンス，9月号，74-83，2009.

7) 知りたい遺伝のしくみ，Newton. 別冊，ニュートンプレス，124-125，2010.

8) 佐々木貴史ほか：イヌゲノム解析の最前線−ヒト疾患遺伝子同定への新たなアプローチ，実験医学，28 (8): 1263-1274，2010.

9) ブルース フォーグル著，小暮規夫監修：新猫種大図鑑，ペットライフ社，2011.

10) 社団法人ジャパンケネルクラブ監修：最新犬種図鑑―写真で見る犬種とスタンダード，インターズー，2011.

11) 渡邊学：イヌゲノム研究の現状と課題と展望−イヌと起源，形質，遺伝性疾患，がん−，The Journal of Animal Genetics. 44, 69-85, 2016.

12) Omi T, et al.: Molecular Characterization of the Cytidine Monophosphate-N-Acetylneuraminic Acid Hydroxylase (CMAH) Gene Associated with the Feline AB Blood Group System. PLoS One. 11 (10): e0165000, 2016.

13) 黒瀬奈緒子：ネコがこんなにかわいくなった理由，PHP研究所，2016.

14) アニコム：家庭どうぶつ白書2017，アニコム ホールディングス，2017.

15) 近江俊徳編著：人とどうぶつの血液型，緑書房，2018.

16) 一般社団法人ジャパンケネルクラブ：https://www. jkc.or.jp

17) Online Mendelian Inheritance in Animals (OMIA): http//omia. org/home/

18) Lindblad-Toh et al., Nature. 2005, 438(7069):803-819.

第12章

遺伝子工学の利用

表 12-1　遺伝子工学に関連するおもな知見や開発された技術

◎　DNA の構造解明（Watson と Crick,1953）

◎　制限酵素の発見（Smith と Wilcox,1972）

◎　組換え DNA 技術[1]（Berg らのグループ 1972;Cohen ら,1973）

◎　DNA，RNA，タンパク質の解析技術「DNA（サザン法：Southern,1975），RNA（ノーザン法：Berg と Sharp,1977），タンパク質（ウエスタン法：Haelfman ら，1983）」

◎　DNA 塩基配列の決定法（Sanger と Coulson,1975; Maxam と Gilbert,1977）

◎　核酸の化学合成法[2]（Letsinger ら,1975；Matteucci と Caruthers,1980）

◎　PCR 法（Mullis と Faloona,1987）

◎　ゲノム編集技術[3]（Charpentier と Doudna,2012）

◎　次世代 DNA シーケンサーの開発[4]（2000 年半ば，米国 Illumina 社）

1)　プラスミドの開発，宿主—ベクター系（例：大腸菌—プラスミド）による DNA 組換え技術．2)核酸合成の自動化の道を拓いた．3)DNA 塩基配列の部位を特異的に認識する人工ヌクレアーゼを利用して，ゲノム内の標的遺伝子を改変する方法で，CRISPR-Cas9 が有名（第 14 章図 14-1 参照）．4)ゲノム DNA を任意に切断してできた数千万〜数億の DNA 断片の塩基配列を同時並行的に決定する方法．

12.1　遺伝子工学におけるおもな材料

12.1.1　ベクター（vector）

　語源がラテン語の「運び屋（vehere）」に由来し，目的の遺伝子 DNA 断片を組み込む（挿入）ための媒体である．ベクターには，細菌内に存在する核外遺伝子を加工したプラスミドベクターや細菌に感染するバクテリオファージを加工したファージベクターなどがある．また，両者の特徴を兼ね備えたコスミドベクター，さらには，細菌人工染色体（bacteria artificial chromosome: BAC）や酵母人工染色体（yeast artificial chromosome: YAC）などが開発されている．これらのベクターは，共通して組換え体を選別するためのマーカー遺伝子，複製開始点，多数の制限酵素認識部位などを有している（図 12-2）．

　①プラスミドベクター：最初に開発された pBR322 は，環状の二本鎖 DNA で，2 種類のテトラサイクリン耐性遺伝子とアンピシリ

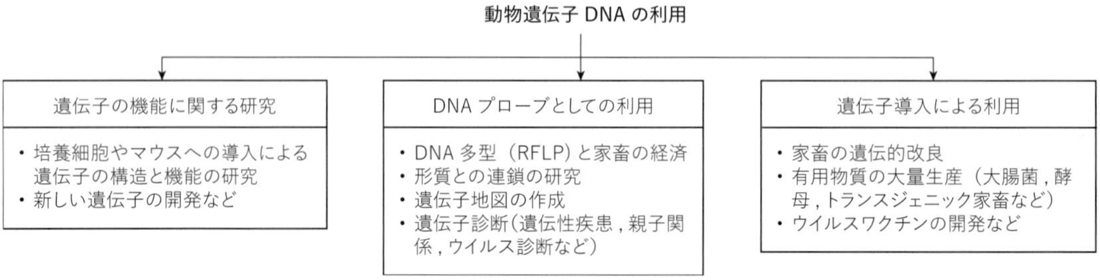

動物遺伝子 DNA の利用

遺伝子の機能に関する研究	DNA プローブとしての利用	遺伝子導入による利用
・培養細胞やマウスへの導入による遺伝子の構造と機能の研究 ・新しい遺伝子の開発など	・DNA 多型（RFLP）と家畜の経済 ・形質との連鎖の研究 ・遺伝子地図の作成 ・遺伝子診断（遺伝性疾患，親子関係，ウイルス診断など）	・家畜の遺伝的改良 ・有用物質の大量生産（大腸菌，酵母，トランスジェニック家畜など） ・ウイルスワクチンの開発など

図 12-1　クローニングされた遺伝子 DNA の利用

12.1 遺伝子工学におけるおもな材料

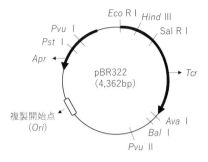

図 12-2 プラスミドベクター pBR322 の構造とおもな制限酵素の作用部位（＼・／）

矢印はマーカー遺伝子（*Apr*, *Tcr*）のセンス鎖の方向.
Apr：アンピシリン耐性遺伝子, *Tcr*：テトラサイクリン耐性遺伝子

粘着末端（cohesive end）を作り出す酵素の例

Eco R I　5'-G|AATTC-3'　　5'-G　　AATTC-3'
　　　　　3'-CTTAA|G-5'　→　3'-CTTAA　　G-5'

Pst I　　5'-CTGCA|G-3'　　5'-CTGCA　　G-3'
　　　　　3'-G|ACGTC-5'　→　3'-G　　ACGTC-5'

平滑末端（blunt end）を作り出す酵素の例

Bal I　　5'-TGG|CCA-3'　　5'-TGG　　CCA-3'
　　　　　3'-ACC|GGT-5'　→　3'-ACC　　GGT-5'

図 12-4　制限酵素の認識部位と切断型

ン耐性遺伝子をもち，5〜10 kb の DNA 断片を挿入するのに適している（図 12-2）．このプラスミドをもとに pUC 系ベクターなど多くの改良型ベクターが開発されている．

② λファージベクター：二本鎖の線状 DNA で，ファージタンパク質と DNA を混合すると，成熟ファージ粒子を形成するのに必要なさまざまな領域を含んでいる（図 12-3）．このベクターには 15〜20 kb の DNA 断片を挿入できる．

③ コスミドベクター：λファージの 2 つの cos 部位（図 12-3）をプラスミドに付加し，ベクターがファージの頭部に包み込まれる（*in vitro* パッケージング）ように加工した小型のベクター（4〜6 kb）で，45 kb 程度の DNA 断片を挿入できる．

④ YAC：酵母内での複製に必要なすべての領域を含む線状のベクターで，長鎖の DNA 断片（数百 kb）を挿入できる．

12.1.2　宿主細胞（host cell）

目的の遺伝子 DNA を増幅するためには，組換え体（recombinant: DNA 断片が挿入されたベクター）を宿主細胞に導入する必要があり，大腸菌，酵母などが宿主細胞として利用される．使用する宿主細胞とベクターとの組み合わせを宿主—ベクター系と呼ぶ．

12.1.3　制限酵素（restriction enzyme）

DNA の塩基配列を特異的に認識して切断する酵素で，ゲノム DNA を断片化したり，組換え体から目的の遺伝子 DNA を切り出すのに不可欠である．現在 100 種ほどが市販されている．DNA の切断により粘着末端を生じる酵素群には *Eco* R I, *Hae* II, *Pst* I, *Hind* III, *Bam* HI などが，平滑末端を生じる酵素群には *Hae* III, *Alu* I, *Sma* I, *Bal* I などが知られている（図 12-4）．

12.1.4　逆転写酵素（reverse transcriptase）

レトロウイルス（RNA ウイルス）の増殖に必須の因子として発見された酵素で，一本鎖 RNA を鋳型として DNA を合成する（図 12-5）．

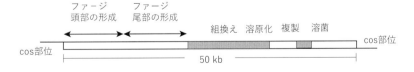

図 12-3　λファージベクターの構造

▨：ファージの大腸菌への感染に不要な領域（DNA 断片の挿入部位）
cos 部位：ベクター DNA がファージ頭部に収納されるために必要な 12 塩基から成る相補的な一本鎖配列

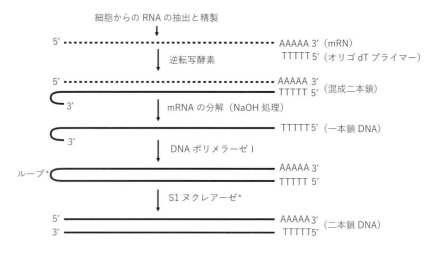

図 12-5　逆転写酵素を用いた相補 DNA(complemental DNA: cDNA)の合成
＊：二本鎖 DNA の一本鎖の部分(ループ)に作用し加水分解する

12.1.5　DNA リガーゼ(ligase)

DNA 鎖の 5′ 末端のリン酸基と 3′ 末端の水酸基を結合する酵素で，T4 ファージ由来の T4DNA リガーゼが目的の遺伝子 DNA をベクターに挿入する際に用いられる．

12.2　遺伝子工学におけるおもな手法

遺伝子を入手できない場合には，各自で目的の遺伝子をクローニング(単離と増幅)する必要がある．

12.2.1　DNA ライブラリーの作製

細胞から抽出した染色体（ゲノム）DNA をもとに DNA ライブラリーを作製する手段と，特定の組織などから転写産物（mRNA）を抽出し，それらもとに逆転写酵素を作用させて合成した相補 DNA(cDNA) 集団をベクターに組み込みんで cDNA ライブラリー（cDNA library）を作製する手段がある（図 12-6）．

12.2.2　DNA クローニング

DNA ライブラリーから単離した目的の遺伝子 DNA を増幅するためには，組換え体を宿主細胞に導入し増幅する操作が必要である．これを DNA(サブ)クローニングという（図 12-7，図 12-8，図 12-9，図 12-6 も参照）．また，組換え体を宿主

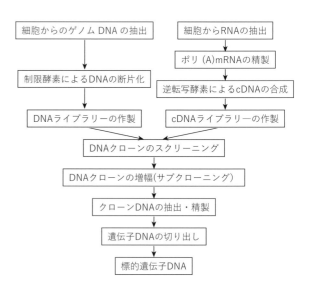

図 12-6　DNA ライブラリーの作製とサブクローニング

細胞に導入して細胞内で目的のタンパク質を合成させるために開発されたのが発現ベクターである．

12.3　サザン法

二本鎖 DNA は，高熱処理や強アルカリ処理により，塩基対間の水素結合が解離して容易に一本鎖に変性する．また，ゆっくりと常温にもどすか，中和すれば，再び水素結合して二本鎖に戻る（アニーリング）．このような DNA の性質とサブマリン電気泳動（ゲルを緩衝液に浸して泳動す

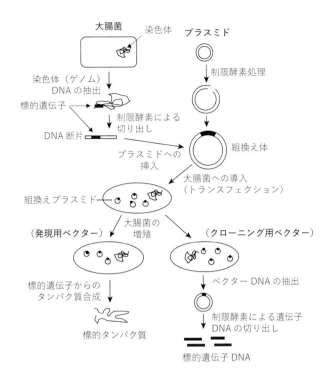

図 12-7　大腸菌 - プラスミド系を利用した遺伝子 DNA のクローニングとタンパク質合成

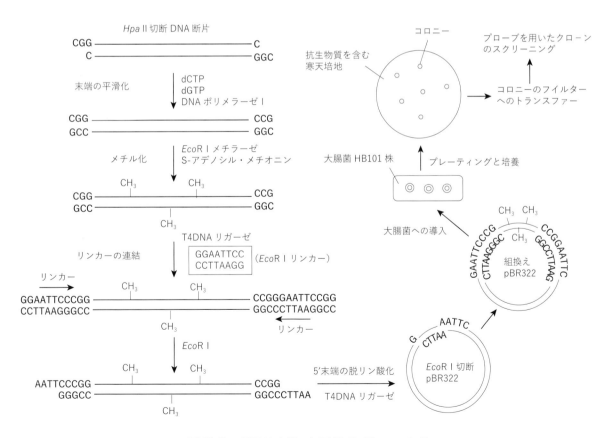

図 12-8　pBR322 を用いた DNA サブクローニング

第12章 遺伝子工学の利用

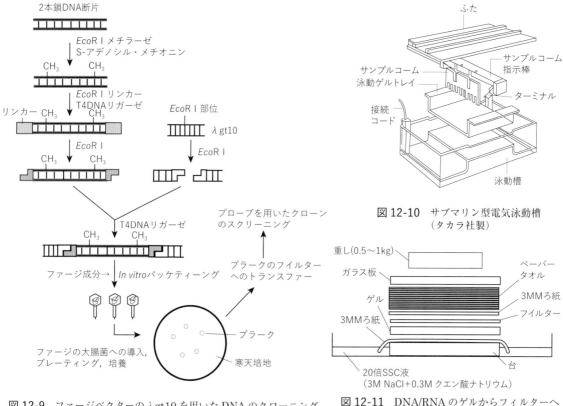

図 12-9 ファージベクターの λgt10 を用いた DNA のクローニング

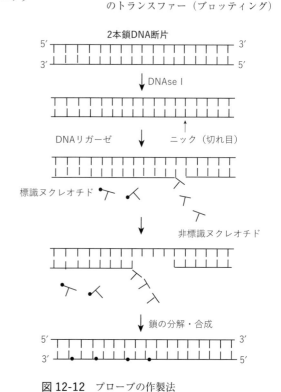

図 12-10 サブマリン型電気泳動槽（タカラ社製）

図 12-11 DNA/RNA のゲルからフィルターへのトランスファー（ブロッティング）

図 12-12 プローブの作製法（ニックトランスレーション法）

標識にはアイソトープあるいは蛍光色素を用いる。

る）（図 12-10）やブロッティング（ゲル上の核酸をフィルターに移す）（図 12-11）を組み合わせ，標識した DNA プローブ（図 12-12）を用いて標的 DNA の種類や大きさを解析する方法がサザン法（Southern blotting hybridization method）である（図 12-13）．なお，サザン法の名称は，開発者の Southern, E.M（1975）に由来する．

12.4 PCR 法

PCR（polymerase chain reaction）法は，DNA鎖の熱変性（denaturation），プライマーのアニーリング（annealing），DNA ポリメラーゼによる伸長反応（extension）からなる（図 12-14）．この一連の反応を 20 回程度繰り返せば，標的のDNA 断片は約 100 万倍に増幅される．反応に必要な材料は，増幅の標的となる二本鎖 DNA，増幅したい DNA 鎖の塩基配列に相補的で 20～30塩基からなる 2 種類のプライマー（オリゴヌク

12.5 遺伝子の発現を調べる方法

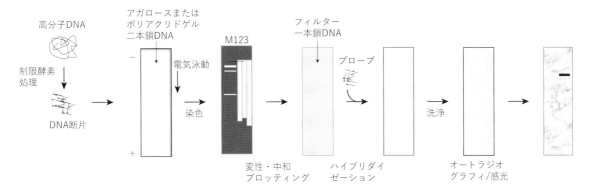

図 12-13　サザンブロッティングハイブリダイゼーション法の概略
M：マーカー DNA　1～3：サンプル DNA

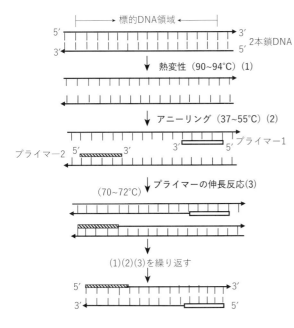

図 12-14　PCR（polymerase chain reaction）法の概略

レオチド：一本鎖 DNA），4種類のデオキシリボヌクレオチド三リン酸（dNTP: dATP, dGTP, dCTP, dTTP），さらに，耐熱性 DNA 合成酵素（*Taq* I DNA ポリメラーゼ）で，一度に1本の小チューブに入れる．必要な DNA および各種試薬は微量で，しかも，1サイクルが約4～5分しか要しないため，短時間で大量の DNA を増幅できる．PCR 法は，DNA 塩基配列の決定や遺伝子地図の作成などの分子生物学の分野だけでなく，法医学，臨床診断学，遺伝性疾患の診断，親子鑑定など，さまざまな分野で不可欠な手段として利用されている．

12.5 遺伝子の発現を調べる方法
12.5.1 遺伝子産物の解析

遺伝子の転写産物（mRNA）ならびに最終産物であるタンパク質の解析には，サザン法と同様に電気泳動とブロッティングを組み合わせたノーザン法（Northern blotting hybridization method）とウエスタン法（Western blotting hybridization method）が用いられる．ノーザン法では，mRNA が自身で二本鎖構造をつくりやすいので，ゲルにホルマリンなどの変性剤を加えサブマリン電気泳動する．ウスタン法は，基本原理は両法とほぼ同じであるが，標識抗体を用いた抗原抗体反応を利用してタンパク質の種類やその大きさを同定する方法である．なお，両法の名称は，サザン法の語呂合わせで名付けられた．

12.5.2 RT（reverse transcriptase）-PCR 法

細胞や組織から mRNA を抽出し，これを鋳型に cDNA を合成し，さらに二本鎖 DNA を合成して PCR 法を利用する方法である．この方法は，標的遺伝子の質的ならびに量的な発現が解析でき，遺伝子産物（mRNA）が微量である場合に有効である．

12.6 遺伝子の機能を調べる方法
12.6.1 遺伝子導入による方法
標的遺伝子の機能をより直接的に調べる手段には，in vitro 系と in vivo 系による遺伝子導入法がある．

① in vitro 系：標的遺伝子を組み込んだ発現ベクターを動物培養細胞などに導入（トランスフェクション）し，宿主細胞の表現型の変化を解析することにより，細胞レベルでの標的遺伝子の機能を予測する．

② in vivo 系：標的遺伝子を個体に導入（受精卵への顕微注入）し（図 12-15），生体内で標的遺伝子を発現させるか，宿主自身の遺伝子を欠損させた個体を作出し，その表現型を解析することにより，個体レベルの機能を予測する方法である．

12.6.2 コンピューターによる機能予測
塩基配列を決定した新規遺伝子は，コンピューターを利用してデータベースに登録されている機能の明らかな遺伝子の塩基配列と比較解析することにより，その機能を予測することができる．

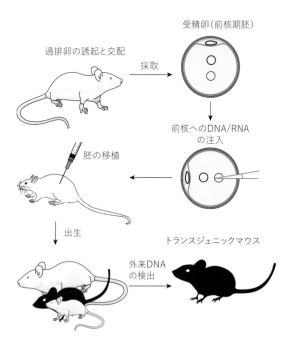

図 12-15 トランスジェニックマウスの作成の手順

12.7 DNA 組換え技術
1970 年代以後に開発された DNA 組換え技術は，その後急速な発展を遂げ（表 12-1），複雑な染色体上にある特定の遺伝子を DNA として単離し大量に集めることを可能にした．ヒトをはじめとする多くの生物種で膨大な数の遺伝子が DNA として単離されている．現在，遺伝子工学的技術は，分子生物学領域を遺伝子 DNA レベルや RNA レベルで飛躍的に発展させただけでなく，生物学，医学，農学などさまざまな領域で不可欠な手段として広く応用されている（図 12-1）．

1980 年に，遺伝子 DNA をマウスの受精卵の前核に注入する方法により，外来遺伝子を個体レベルで発現させることができるトランスジェニック（Tg）技術（Transgenic technology）が開発された．その後，Tg 技術によって作製された膨大な数の Tg 動物（おもにマウス）が，生物学，医学，薬学，農学における生命科学研究の進展に大きく貢献した．現在，遺伝子改変技術は実験動物ならびに家畜においてさまざまな目的で利用されている（第 13 章図 13-1）．

12.8 動物としての利用
新規に単離した遺伝子をマウスに導入して過剰に発現したり，標的遺伝子をノックアウト（KO）した遺伝子改変動物が作製できる．それらの表現型の変化を正常なものと比較することにより，標的遺伝子の機能を探ることができる．また，遺伝子の組織特異的発現や時期特異的発現を制御している非転写 DNA 領域に存在するプロモーターやエンハンサーなどの遺伝子発現調節流域を解析するために，それらの制御領域とレポーター遺伝子とを連結した融合遺伝子を導入した Tg マウスが利用されている．

さらに，基礎医学領域では，ヒトのガン遺伝子を導入した Tg マウス（表 12-15）や遺伝子 KO マウス（表 12-16）が，ヒトのガンや遺伝性疾患など

表 12-2　各種ガン遺伝子を導入したトランスジェニックマウス

導入遺伝子（プロモーター[*1] ＋ガン遺伝子[*2]）	発生した腫瘍	研究者（発表年）
ネズミ乳腺腫瘍ウイルス[*3] ＋ c-myc	乳腺ガン	Stewart ら（1984）
マウスメタロチオネイン I ＋ SV40[*4] 初期領域	肝ガン，膵ガン	Messing ら（1985）
マウスインスリン ＋ SV40 初期領域	膵臓 β - 細胞腫	Hanahan ら（1985）
マウス免疫グロビン（μ，κ）＋ c-myc	B 細胞腫	Adamus ら（1985）
マウスエラスターゼ I ＋ c-Ha-ras	膵臓腺房細胞腫	Oriniz ら（1985）
マウス α A- クリスタリン ＋ SV40 初期領域	水晶体腫瘍	Mahon ら（1987）
マウス心房 Na 排出因子 ＋ SV40 初期領域	右心房の過形成	Field ら（1988）
マウス乳清酸性タンパク質 ＋ 活性化 c-Ha-ras	乳腺ガン	Bailleul ら（1990）

＊ 1　組織特異的プロモーター
＊ 2　構造遺伝子（コード領域）
＊ 3　エンハンサー
＊ 4　Simian virus 40

表 12-3　各種ガン抑制遺伝子ノックアウトマウスの表現型

ガン抑制遺伝子	表現型		研究者（発表年）
	ヘテロ	ホモ	
p53	まれに乳腺腫瘍	悪性リンパ種など	Donehower ら（1992）
RB	脳下垂体腫瘍	胎生致死	Lee ら（1992）
Wt- 1	腫瘍形成なし	胎生致死	Kreidberg ら（1993）
APC	腸管でポリープ	胎生致死	Fodde ら（1995）
NF- 1	褐色細胞腫	胎生致死	Brannan ら（1997）
NF-2	骨肉腫	胎生致死	McClatcher ら（1997）
BRCA1	腫瘍形成なし	胎生致死	Hakem ら（1996）
BRCA2	腫瘍形成なし	胎生致死	Suzuki ら（1997）

表 12-4　各種ウイルス遺伝子を導入したトランスジェニックマウス

導入遺伝子[*]	症状	研究者（発表年）
ヒトインスリン ＋ SV40-T	脳腫瘍	Hanahan ら（1985）
マウスメタロチオネイン I ＋ SV40-T	膵臓 β - 細胞腫	Palmiter ら（1985）
マウスエラスターゼ ＋ SV40-T	膵臓腺房細胞の腫瘍	Orinitz ら（1985）
ウシパピローマウイルス[**]	皮膚線維細胞腫	Lacy ら（1986）
マウス乳ガンウイルス LTR ＋ v-Ha-ras[**]	乳腺ガン，唾液腺ガン	Sinn ら（1987）
ヒトエイズウイルス[**]	脾臓肥大，皮膚肥厚	Leonard ら（1988）
ヒトエイズウイルス LTR ＋ tat-3[**]	カポジ肉腫様腫瘍	Vogel ら（1988）
B 型肝炎ウイルス[**]	肝，心，腎でウイル複製	Araki ら（1989）

＊　　エンハンサー／プロモーター＋構造遺伝子（コード領域）
＊＊　ウイルスゲノム遺伝子
SV 40-T：SV40-large T．LTR：long terminal repeat

の発症機構を遺伝子レベルで解明するためのモデルだけでなく，それらの予防法や治療法の開発研究にも利用されている．また，種特異性から動物には感染しないヒトのウイルスを遺伝子導入により動物のゲノムに導入することができる（表 12-4）．さらに，各種ウイルスレセプター遺伝子が単離されたことから，ヒトのウイルスレセプター遺伝子をマウスに導入することにより，霊長類にしか感染が成立しないヒトウイルスを Tg マウスに自然感染させることが可能である．

第12章　遺伝子工学の利用

12.9　家畜への遺伝子改変技術の利用

Hammer ら（1985）が初めて Tg 家畜の作出に成功したことから，Tg 技術を家畜に応用して，家畜生産物（肉，乳，毛，卵など）組成の改変，さらには，臨床医学上重要なヒト生理活性物質の生産システム（バイオリアクター）の開発や異種臓器移植用の遺伝子改変ブタの開発などが精力的に進められている．これまで非常に多くの Tg 家畜が作出されている．

さらに，2005 年頃に人工ヌクレアーゼを利用した遺伝子改変技術（ゲノム編集）（第14章図14-1）が開発された．この方法は，遺伝子（ノックアウト）KO 用に構築した人工 RNA を受精卵の細胞質に顕微注入する方法であるため，体細胞での DNA 相同組換えと体細胞核移植とを組み合わせた従来の遺伝子 KO 法に比べ，動物での遺伝子 KO が格段に容易となった．

12.9.1　遺伝子導入による品種改良

1985 年代から 1993 年にかけて，成長ホルモン遺伝子をはじめ各種成長に関連する遺伝子を肝臓などで過剰に発現する Tg ブタが精力的に作出された．しかし，一部の経済形質に向上が見られたものの，Tg ブタの多くに胃潰瘍，腎炎，心臓疾患などの虚弱な体質が観察された．このように，特定の遺伝子導入だけで家畜の経済形質の向上を図ることは難しい．今後は，導入する遺伝子の構造

や機能に関する一層の基礎研究の蓄積が必要である．そのほかにも，家畜の抗病性を向上させる目的で幾つかの抗病性関連遺伝子が導入されている．

12.9.2　遺伝子導入による有用物質の生産

ヒトの血液や臓器から抽出・精製された生理活性物質がヒトの遺伝性疾患（血友病など）や疾患（糖尿病など）の治療や発症予防に利用されている．これらの物質のほとんどは，血液中に微量にしか含まれていないために非常に高価である．近年，遺伝子工学の利用により，大腸菌，酵母，動物培養細胞，昆虫，植物などを宿主として有用物質を大量に生産させる技術が開発されている．生理活性物質を大腸菌などの原核生物で生産させる場合，翻訳後のタンパク質の各種修飾（糖鎖の付加や高次構造の構築など）が不可能である．さらには，菌体成分と生成物との分離が困難であるなど，多くの難題がある．また，細胞培養系やその他の生産系では，培養システムの繁雑さや生産効率に難点がある．そこで，生理活性物質をコードする遺伝子を家畜に導入して，それらの有用物質を家畜の乳汁に分泌させる手段が考えられた．乳腺で特異的に発現している遺伝子のプロモーターと各種有用物質の構造遺伝子（タンパク質をコードしている DNA 領域）を連結した融合遺伝子を導入した Tg 家畜が作製されている（表12-5）．

2006 年に欧州医薬品審査庁（EAEM）が Tg ヤギ

表 12-5　Tg 家畜の乳汁に分泌されたヒト有用物質

有用物質	Tg 家畜	研究者（発表年）
インターロイキン -2（抗ガン作用）	ウサギ	Buhler ら（1990）
α‐アンチトリプシン（抗肺気腫作用）	ヒツジ	Wright ら（1991）
TPA（血栓溶解作用）	ヤギ	Ebert ら（1991）
ラクトフェリン（抗菌作用）	ウシ	Krimpenfort ら（1991）
IGF-I（成長作用）	ウサギ	Wolf ら（1997）
α‐ラクトアルブミン（抗菌作用）	ブタ	Bleck ら（1998）
血液凝固第 VIII 因子（血液凝固作用）	ヒツジ	Niemann ら（1999）
リゾスタフィン（抗菌作用）	ウシ	Wall ら（2005）
リゾチーム（抗菌作用）	ヤギ	Maga ら（2006）
IGF-I（成長作用）	ブタ	Wheeler ら（2006）

TPA：組織プラスミノーゲン活性化因子，IGF-I：インスリン様成長因子 -I

の乳汁から精製したヒトアンチトロンビンIIIをTg家畜で生産させた世界で最初の医薬品として認可した．ついで，2009年に米国の食品医薬品局（FDA）が同様に当該物質を医薬品として認可している．現在，米国やイギリスを中心にTg家畜をバイオリアクターとするヒト生理活性物質（医薬品）の生産システムを計画する企業が増えつつある．今後，10〜20年間に，Tg家畜を利用した生産システムは，ヒト医薬品の生産システムの主流となることが予想される．

12.9.3 臓器移植用遺伝子改変ブタの開発

1980年代に，シクロスポリンAやFK506などの強力な免疫抑制剤が開発されたことから，ヒトの臓器移植の成績は飛躍的に向上した．そのため，臓器移植手術を希望する患者の数は年々増加しており，移植用臓器の必要性がますます高まっている．一方，臓器提供者の数は頭打ちの状況にあり，世界的に移植用臓器が不足している．このような臓器不足は，今後ますます深刻化すると予測されている．この問題を解決するための対策の1つとして，遺伝子改変ブタを利用した異種臓器移植の研究が進められている（図12-16）．

a 補体活性化の制御

異種移植での最大の課題は，移植後に起こる超急性拒絶反応（hyper acute rejection：HAR）の克服である．このHARを制御する1つの手段は，補体活性化反応の制御である．この目的で，ヒトの補体制御膜タンパク質遺伝子であるDAF，CD46，CD59などを導入したTgブタが作製され，霊長類に移植する動物実験が実施されている．

b α-1,3-ガラクトース抗原の制御

ヒトや類人猿，旧世界ザル以外の動物にはα-1,3-ガラクトース転移酵素（α-1,3-galactosyltransferase：α-1,3-GT）と呼ばれる糖転移酵素が存在しており，この酵素によりα-1,3-ガラクトース分子（α-1,3-Gal）がブタの血管内皮細胞膜上で合成される（図12-16）．このα-1,3-Gal分子は糖鎖抗原として強力な抗原性を示し，ヒトに移植された異種臓器はα-1,3-Gal分子に対する超拒絶反応によって拒絶される．そこで，ブタのα-1,3-GT遺伝子そのものをKOする必要がある．これまでに，遺伝子ターゲティング方法で，HARに関与するさまざまな遺伝子をKOした遺伝子改変ブタが作製されている．現在，米国を中心に，α-1,3-GT遺伝子KOブタをベースに，HARを制御する様々な遺伝子を導入あるいは内在遺伝子をKOしたブタを交配して，複数の遺伝子を改変した遺伝子改変ブタが開発されている．また，これら遺伝子改変ブタの臓器をサルへ移植する動物実験が精力的に進められている．また，ゲノム編集が開発されたことから，様々な遺伝子を改変されたブタの臓器がヒトに移植された研究例があるが，長く生存していない．

ところで，ブタは悪性の造血系腫瘍の原因と考えられている内在レトロウイルス（porcine endogenous retrovirus：PERV）を保有しており，将来，臓器移植に利用する際に大きな課題となっている．2012年以降に人工ヌクレアーゼを利用した遺伝子改変技術（ゲノム編集）（第14章図14-1参照）が開発されたことから，これらのウイルスの不活化が容易であり，今後が期待される．

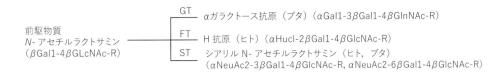

図12-16 ヒトとブタの血管内皮細胞で発見する糖鎖抗原（αガラクトース抗原）の比較
GT：α1,3-ガラクトース転移酵素，R：糖タンパク質または糖脂質

第13章
バイオテクノロジーの応用

「バイオテクノロジー」という用語は1970年代に登場した．明確な定義はないが『高度な技術を用いて生物を人為的に操作する学問』と言えよう．

バイオテクノロジーには，異なる分野の理論と技術が含まれており，大別すると，細胞工学（cell technology），遺伝子工学（genetic engineering），発生工学（embryo manipulation）に分類される．また，それぞれの分野には，多くの基礎的な理論と技術が含まれており，それらは独自に発展した場合もあるが，相互に関連しながら発展した場合も少なくない．

本章では，動物を対象にバイオテクノロジーがどのように利用されているかを中心に紹介する（図13-1）.

13.1 発生工学の利用
13.1.1 雌雄の産み分け

家畜で人為的に雌雄を産み分ける技術が確立されれば，家畜の遺伝的改良が促進されるだけでなく，畜産業の経済効率を高めることができる．

哺乳類の性は雄（精子）が決定権を有していることから，家畜では古くから，精子を対象にX精子とY精子を分離する様々な方法が試みられたが，いずれも信頼性のある方法として確立されなかった．これらに対して，Johnsonら（1989）は，X染色体とY染色体のDNA量の差に着目

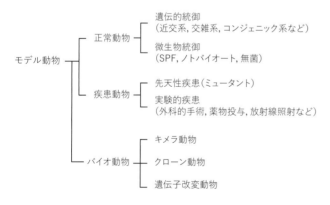

図13-1 バイオテクノロジーを利用した動物（バイオ動物）の開発

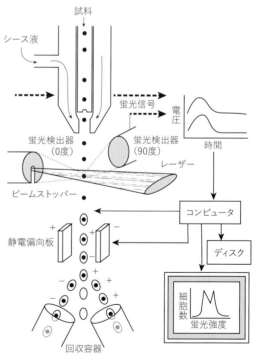

図13-2 フローサイトメーター（細胞分取装置）のしくみ
（畜産の研究，第45巻-1，養賢堂，1991）

し，DNA を特異的に染色する蛍光色素（ヘキスト33342）でウサギの精子 DNA を染色し，微量の DNA を検出できるフローサイトメーター（細胞分取装置）（図 13-2）を用いて X・Y 精子の分離を試みた．その結果，最高 94％の確率で分離に成功した．その後，精子分離用の高速フローサイトメーターの開発や種々の技術的改良が加わり，現在分離精子の人工授精により安定した成績（性比：85〜95％）が得られている．1999 年以降，欧米では，分離精子の人工授精により多くの牛が生産されている．

この方法では，種々の分離作業の過程で約 3/4 の精子が失われ，また，通常の精子に比べ，凍結・融解に対する抵抗性がかなり劣る．さらに，人工授精の際には，子宮深部に精液を注入する必要があるなどの課題が残されている．しかし，生まれてくる家畜の性比が 85〜95％ と極めて精度が高いことから，将来，分離機の性能向上を含め種々の技術的改良が進めば，産業的に極めて高い利用性がある．国内では，一般社団法人家畜改良事業団が判別正確度 90％ を保障する精液（$Sort^{90}$）を用いて体外受精させた凍結受精胚を販売している．

一方，発生中の胚の一部細胞を顕微鏡下で採取（バイオプシー）し，Y 染色体に特異的な DNA マーカーを標的に PCR 法を利用した胚の性判別法が開発されている．しかし，バイオプシーによる胚への損傷が大きく，また，凍結・融解後の胚の生存率が低い難点がある．

13.1.2 顕微授精

顕微鏡下で 1 個の精子を卵子に注入する顕微授精（intracytoplasmice sperm injection, ICSI）（図 13-3）により，1988 年以降，ウサギを初めとして，ブタやウシで産子が得られている．死滅した精子の注入でも産子が得られていることから，ICSI は動物園動物や野生動物の保護に利用されることが期待されている．

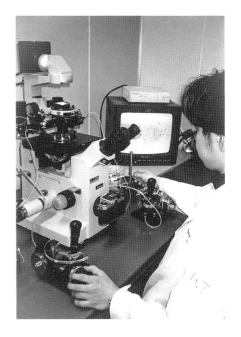

図 13-3 マイクロマニピレーター（顕微操作装置）
核移植、遺伝子導入などの顕微操作を行うための基本的な装置.

13.1.3 核移植技術（クローン技術）の利用

哺乳類において，同じ遺伝的構成をもつ個体（クローン）が自然界で生じる例は，一卵性双生児が相当する．これまでに，人為的にクローンを生産する技術が開発されているが，大別して 2 通りの方法がある．1 つは，発生途中の胚の割球（この時期の細胞は球形）を分離し，それぞれを体外で後期胚にまで発生させ，仮親の子宮に移植する方法である．この方法には，単一割球の全能性（個体にまで発生する能力）の維持には限界があるので，1 個の胚から多数のクローンを生産することはできない．もう 1 つは，体細胞の核を除核未受精卵に移植する方法である．1997 年にイギリスの研究グループが，成体ヒツジの乳腺組織から採取した細胞の核を徐核未受精卵に移植する方法により，世界で初めてクローンヒツジを作製することに成功した．核移植法には，初期胚の細胞核を移植して受精卵クローンを作製する方法と，体細胞の核を移植する体細胞クローンを作製する方法とがある（図 13-4）．

第13章 バイオテクノロジーの応用

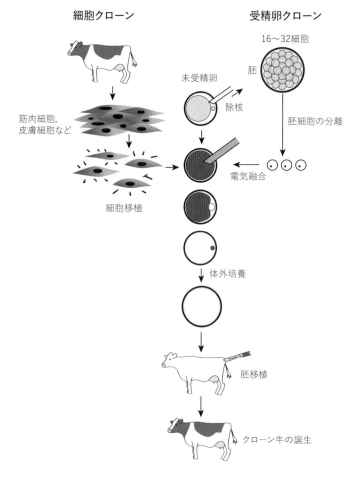

図13-4 異なった方法によるクローン牛の生産

a 希少動物や絶滅危惧種の保護

死亡した直後のガウル牛（*Bos gaurus*, 牛科の希少種, 2n = 58）の皮膚の細胞を採取し, いったん液体窒素で凍結保存した. 一方, 屠場ウシ卵巣（*Bos taurus*, 2n = 60）から卵子を採取し, 体外で成熟させ, 染色体(核)を除去した卵子にガウル牛の細胞核を移植し, さらに体外で発生させたのちに, レシピエント雌牛の子宮に移植した. この方法で, 1頭のクローン牛を生産させることに成功している. 中国では, 体細胞核移植技術を利用してパンダの増産が計画されている.

b 家畜への利用

家畜改良目標の基本は, 家畜の経済形質を遺伝的に向上させることである. その基本的な手段は, 優良形質をもつ雌雄を交配（人工授精も含む）し, 得られた子の中から両親よりも優れた形質をもつ子を選抜することである. しかし, 得られた子孫のすべてが両親を上回る形質をもつとは限らず, 両親からの染色体(遺伝子群)の組み合わせによっては, かえって両親よりも劣る子孫が生まれることがある. クローン技術を利用すれば, 雌雄の交配による遺伝的変異を回避し両親の形質をそのまま維持でき, また, 優秀な個体と遺伝的に同一の子孫(クローン)を多数生産できるので, 種畜の能力を直接検定により早期に検定できる. また, 遺伝的構成が同じであるために供試数を軽減できるので, 試験や研究用のモデルとして有用である. ただし, 留意すべきことは, 遺伝性疾患の原因遺

伝子を保有している種畜から多数のクローン子孫が生産された場合には，病因遺伝子をもつ個体を特定の家畜集団に拡散させることになる．また，クローン技術は，同じ優良形質をもつ個体を多数生産する手段として有効であるが，家畜の遺伝的改良の基本は，交配（受精）により雌雄染色体の新たな組み合わせを期待することにある．

ところで，クローン家畜の作製効率は非常に低く，また，ウシでは，核移植胚を仮親に移植した場合，流産，異常胎児や過大子などの例が報告さ

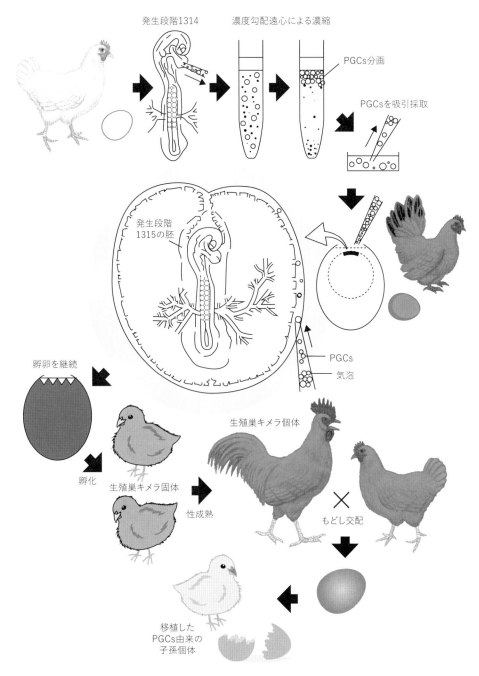

図 13-5 始原生殖細胞（PGC）を用いた生殖巣キメラ
（桑名貴，鳥類発生工学と多様性の保全，国立環境研究所ニュース 23, 2005）

第13章　バイオテクノロジーの応用

れている．したがって，クローンウシを通常の農家で飼養する家畜として利用するにはさらなる技術的改善が必要である．欧米では，家畜における核移植技術は，有用遺伝子改変家畜を増産する手段として主に利用されている．

なお，クローンウシの乳や肉製品について各種の食品安全試験が実施されたが，特に問題は報告されていない．

13.2　ニワトリの発生工学

哺乳類ではトランスジェニック，クローン，キメラ動物が作出されている．これは受精後の卵子や着床前の発生初期胚を体外に持ち出し，操作できるため，発生工学分野のめざましい発展を成し遂げている．ニワトリ，ウズラは実験動物として年間産卵数が多く，一度の交配で簡単に多数の受精卵が得られ，卵生であるため胚を利用する研究に多く利用され，有精卵の使用数はマウスの使用数に匹敵する．しかし，胚が育つための卵黄があり，卵白・卵殻までも付加しなければ正常な発生はできないことから哺乳類で行われる発生工学的技術はほとんど適応することができない．そこで，着目されたのが始原生殖細胞（primordial germ cells:PGCs）と胚盤葉細胞とを利用したキメラである．キメラとはギリシャ神話に出てくる頭がライオン，胴体はヤギ，尾はヘビという怪獣のことである．生物学では2つ以上の異なった遺伝子

背景の細胞，組織や器官を持った1つの個体を指します．生産性の高い白色レグホン種などをレシピエント，希少品種の胚盤葉細胞やPGCsをドナー細胞として，発生初期に移植を行うことによりキメラ鶏を作製するとドナー細胞がレシピエントで卵子や精子に分化し，次世代でドナー由来の子孫が得られる．希少品種の増殖・遺伝子保存につながる．

PGCsは胚盤葉明域の中央部に多く存在すると言われ，後に生殖半月部位に現れ，発生段階stage12-15において胚周縁静脈の血流に乗り移動し，stage26に生殖腺へと移住する．愛媛地鶏や久連子鶏のPGCsを発生段階stage12-15に胚周縁静脈から採取し，同時期の多産鶏品種の胚周縁静脈に移植し，生殖腺系列キメラ鶏を作製する．性成熟した生殖腺系列キメラ鶏から愛媛地鶏や久連子鶏の子孫が得られている．同様に希少品種の胚盤葉細胞を多産品種の胚盤葉移植することにより，将来ドナー細胞が卵子や精子に分化することを狙っての胚操作である．キメラ技術はウズラ，アヒル，キジなどに応用されている．また，このキメラ技術を使ってトランスジェニック鶏の作出も考えられている．PGCs・胚盤葉細胞に遺伝子導入を行い，それらを移植した生殖腺系列キメラ鶏から遺伝子改変子孫を得ることも考えられている（図13-5）．

第14章
バイオインフォマティクス

14.1 バイオインフォマティクスとは

バイオインフォマティクス(bioinformatics, 生物情報科学)は，biology(生物学)と informatics (情報科学)とが融合して1990年代に登場した新しい学問で，図14-1に示すようなさまざまな分野が関連する．狭義には，遺伝子の塩基配列の解析や分類，ゲノムデータの解析，遺伝子発現の解析や機能の予測，タンパク質アミノ酸配列，立体構造の解析・分類・機能予測，タンパク質機能同定のための実験的解析（プロテオーム解析など），生物種間の比較解析，遺伝子（分子）間ネットワークの解析（シグナル伝達系の解析や分子間の相互作用など），分子シミュレーション，細胞シミュレーションなどが含まれる．また，これらを支援する分野としては，遺伝子名や分子名などの用語の統一化や整備，遺伝子関連データベースの登録，管理，検索サービスなどがある（図14-2）．

14.2 バイオテクノロジーとIT(Information Technology)との融合

近年，バイオテクノロジーにおける実験的技術は急速な勢いで進展しており，また，バイオテクノロジーとITとの融合が進められている．しかしながら，実験的解析から得られた観測データを総合的に解析し，それらを解釈するための適切な方法，すなわちコンピューター解析に必要なソフトウェアの開発が追いつかないのが現状である．今後，バイオインフォマティクスを活用し，生命のしくみの全容を分子レベルで解明するためには，気の遠くなるような網羅的な解析が必要である．したがって，実験科学とITとの融合と協調とがますます重要となる．

14.3 ポストゲノムとバイオインフォマティクスの利用

各種のゲノム解析プロジェクトが重点的に推進されたことから，これまでヒトをはじめさまざま

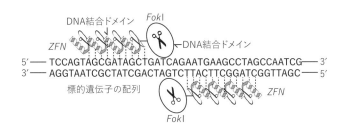

図 14-1 人工亜鉛フィンガーヌクレアーゼ(ZFN)を利用した標的遺伝子の改変
標的遺伝子の特異的な塩基配列を認識して結合・切断する人工ヌクレアーゼ（制限酵素「*Fok* I」+亜鉛フィンガー配列）を作製する．

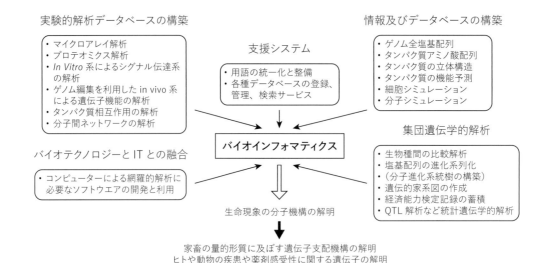

図14-2 バイオインフォマティクスに関連する各種分野
（東條英昭・佐々木義之・国枝哲夫, 応用動物遺伝学, 朝倉書店, 2007）

な生物種の全ゲノム（DNA塩基配列）が解読されてきた. 加えて, 次世代DNAシーケンサー（高速度解析装置）が開発されたことにより, 各種生物のゲノム解析は驚異的な勢いて進行している. ヒトの全ゲノムの解読（2003年ほぼ終了）には, 13年間と約3,500億円を要したが, 現在, 十数万円で, しかも数日足らずで解析できる.

家畜においても, 主要家畜のゲノム解析が終了しつつあり, 現在膨大な量のDNA塩基配列がデータベース化されている. ヒトでは, タンパク質をコードする遺伝子の数は21,787と推測されている. しかし, 大部分のタンパク質の機能は未知のままであり, また, 最近, マイクロRNA（miRNA）などの翻訳されないRNA（noncoding RNA：ncRNA）が遺伝子発現の制御に重要な役割を果たしていることが明らかにされている. したがって, 全塩基配列の解析の次の課題である『ポストゲノム科学』は, これらのタンパク質やmiRNAの機能を明らかにし, 生命現象の全容を分子レベルで解明することである. その有効な手段としてバイオインフォマティクスを利用した網羅的な解析が進められている.

現在, 医学領域では, バイオインフォマティクスを駆使して, ヒトの疾患や薬剤感受性に関係する遺伝子の探索が精力的に進められている.

一方, 動物界では, とりわけ家畜の場合, 長年にわたる登録事業の実績から家系図の作成や個体レベルの各種経済能力に関する記録が豊富に蓄積されている. したがって, 将来, 家畜でのゲノム解析, プロテオーム解析などが進めば, バイオインフォマティクスの利用により量的形質を支配する主要遺伝子の同定が, ヒトを含む他の動物種に先駆けて成し遂げられる可能性がある.

索　引

欧　文

AB 式血液型システム	85
BAC	88
CNP	45
D-ループ	21
DEA1 システム	83
DNA	17
DNA 型トランスポゾン	31
DNA クローニング	90
DNA 診断	76
DNA ライブラリー	90
DNA リガーゼ	90
GU-AG イントロン	24
InDel	45
LINE	31
OMIA	83
PCR 法	92
QTL 解析	74
RFLP	45
RNA	17
RNA スプライシング	24
RNA ポリメラーゼ	24
SINE	31
SNP	45
Tg マウス	94
VNTR	45
X 染色体不活性化	14
YAC	88
Y 染色体	11
Z 染色体	11

あ

アウトブリーディング	84
アグーチ	9
アデニン	18
育種	1
育種価	71
一塩基多型	45
遺伝	1
遺伝暗号	28
遺伝子	1
遺伝子 KO マウス	94
遺伝子改変動物	94
遺伝子型	1
遺伝子型頻度	52

遺伝子座	11, 34
遺伝子診断	76
遺伝子ターゲティング	97
遺伝子内遺伝子	47
遺伝子頻度	15
遺伝性疾患動物	47
遺伝様式	4
遺伝率	67
イヌ	82
インターブリーディング	48
イントロン	22
インブリーディング	84
インプリンティング	12
ウシ	54
ウマ	55
ウラシル	19
エキソン	22
エピジェネティクス	14
エピスタシス	10
塩基置換	21
エンハンサー	44
親子回帰	69

か

核移植技術	99
核型	34
核酸	17
家畜の定義	54
間性	11
偽遺伝子	31, 33
期待育種価	72
キメラ	12
逆位	43
逆転写酵素	89
キャップ	22
共顕性	5
近縁交配	60
近交係数	61
近交退化	62
グアニン	18
組換え価	38
クラインフェルター症候群	46

繰り返し配列多型	45
クローズドコロニー	81
クローン技術	99
形質	1
系統交配	60
血液型	83
欠失	21, 43
ゲノム	31
ゲノムインプリンティング	15
ゲノム編集	96
減数分裂	34
顕性	1
限性遺伝	13
顕性の法則	1
検定交雑	38
顕微授精	99
構造遺伝子	10
コピー数多型	45
コンジェニック（congenic）系	80

さ

細胞学的地図	37
サイレント変異	43
作為交配	49
サザン法	90
雑種強勢	63
サテライト DNA	32
散在性反復配列	31
実験動物	54, 78
質的形質	64
シトシン	18
従性遺伝	13
縦列反復配列	31
種間交配	58
宿主細胞	89
純粋交配	60
条件遺伝	8
常染色体	11, 34
推定育種価	71
スプライシング	44
制限酵素	89
性染色体	11, 34

105

索　　引

性の決定	10				
染色体交叉	38	**は**		**ま**	
潜性	1	バイオインフォマティクス	103	マーカーアシスト選抜	76
セントロメア	34	バイオテクノロジー	98		
		発生工学	98	三毛猫	15, 86
臓器移植用遺伝子改変ブタ	97	ハーディ‐ワインベルグの法則	50	ミスセンス変異	43
挿入	21, 43, 45	伴性遺伝	12	ミトコンドリア	14
属間交配	58	伴侶動物	54, 82	ミトコンドリア DNA	14
た				ミュータント系	80
		非相加的遺伝子効果	72		
体細胞分裂	37	ヒツジ	56	無作為（任意）交配	49
多型	45	非同義的変異	43		
ターナー症候群	46	表現型	4	メチル化	29
タンパク質	22	ピリミジン塩基	18	メチル化 CpG 結合タンパク質	29
短腕	34	品種	54	メッセンジャー RNA	20
		品種間交配	58	メンデル	1
置換	43			メンデル遺伝の拡張解釈	5
致死遺伝	9	不完全顕性	5		
チミン	18	付随体	34	モルガン	41
超可変部	21	ブタ	56		
超顕性	5, 6	不等交叉	46	**や**	
長腕	34	ブラップ（BLUP）法	73	ヤギ	57
		フリーマーチン	11	野生動物	54
デオキシリボース	18	プリン塩基	18		
デオキシリボ核酸	17	フレームシフト	44	抑制遺伝	8
転写	28	プロモーター	23, 44	抑制遺伝子	9
		分離の法則	3	読み過ごし	43
同義変異	43			**ら**	
独立の法則	7	ベクター	88		
トランスファー RNA	20	ヘテロ接合体	5	ラインブリーディング	84
な					
		ポストゲノム	104	リコンビナント	80
ナンセンス変異	43	母性遺伝	21	リードスルー	43
		補足（互助）遺伝	6	リボ核酸	17
二重らせん構造	18	補体活性化	97	リボース	19
		ホモ接合体	38	リボソーム RNA	20
ヌクレオチド	17	翻訳	25	量的形質	64
		翻訳後修飾	28		
ネコ	85			連鎖	38
				連鎖地図	37, 40

著者略歴

東條英昭（とうじょうひであき）

1943年　兵庫県に生まれる
1975年　九州大学大学院博士課程修了
現　在　東京大学名誉教授
　　　　農学博士

古田洋樹（ふるたひろき）

1970年　愛知県に生まれる
2001年　九州大学大学院 生物資源環境科学研究科修了
現　在　日本獣医生命科学大学応用生命科学部教授
　　　　博士（農学）

近江俊徳（おうみとしのり）

1966年　栃木県に生まれる
1989年　東京農業大学農学部卒業
現　在　日本獣医生命科学大学獣医学部教授
　　　　博士（医学）

図説基礎動物遺伝育種学　　定価はカバーに表示

2024年9月1日　初版第1刷

著　者	東　條　英　昭	
	近　江　俊　徳	
	古　田　洋　樹	
発行者	朝　倉　誠　造	
発行所	株式会社 朝　倉　書　店	

東京都新宿区新小川町 6-29
郵 便 番 号　162-8707
電　話　03（3260）0141
F A X　03（3260）0180
https://www.asakura.co.jp

〈検印省略〉

© 2024〈無断複写・転載を禁ず〉　　教文堂・渡辺製本

ISBN 978-4-254-45034-7　C 3061　　Printed in Japan

JCOPY ＜出版者著作権管理機構 委託出版物＞

本書の無断複写は著作権法上での例外を除き禁じられています．複写される場合は，そのつど事前に，出版者著作権管理機構（電話 03-5244-5088，FAX 03-5244-5089，e-mail: info@jcopy.or.jp）の許諾を得てください．

東條英昭・佐々木義之・国枝哲夫編

応 用 動 物 遺 伝 学

45023-1 C3061　　　　B 5 判 244頁 7040(6400)

分子遺伝学と集団遺伝学を総合して解説した，畜産学・獣医学・応用生命科学系学生向の教科書。〔内容〕ゲノムの基礎／遺伝の仕組み／遺伝子操作の基礎／統計遺伝／動物資源／選抜／交配／探索と同定／バイオインフォマティクス／他

新潟大 祝前博明・岡山大 国枝哲夫・京産大 野村哲郎・神戸大 万年英之編著

動 物 遺 伝 育 種 学

45030-9 C3061　　　　A 5 判 216頁 本体3400円

農学・生命科学における動物遺伝育種を，統計遺伝学・分子遺伝学の両面から解説した教科書。〔内容〕動物の育種とは／質的・量的形質と遺伝／遺伝子と機能／集団の遺伝的構成と変化／選抜・交配・交雑／ゲノム育種／遺伝的管理と保全／他

岡山大 国枝哲夫・東海大 今川和彦・日獣大 鈴木勝士編

獣医学教育モデル・コア・カリキュラム準拠 獣医遺伝育種学

46033-9 C3061　　　　B 5 判 176頁 本体3800円

遺伝性疾患まで解説した獣医遺伝育種学の初のスタンダードテキスト。〔内容〕遺伝様式の基礎／質的形質の遺伝／遺伝的改良(量的形質と遺伝)／応用分子遺伝学／産業動物・伴侶動物の品種と遺伝的多様性／遺伝性疾患の概論・各論

前東北大 佐藤英明編著

新 動 物 生 殖 学

45027-9 C3061　　　　A 5 判 216頁 本体3400円

再生医療分野からも注目を集めている動物生殖学を，第一人者が編集。新章を加え，資格試験に対応。〔内容〕高等動物の生殖器官と構造／ホルモン／免疫／初期胚発生／妊娠と分娩／家畜人工授精・家畜受精卵移植の資格取得／他

北大 小林泰男編

畜 産 学 概 論

45031-6 C3061　　　　A 5 判 200頁 本体3400円

畜産学を広範かつ体系的に学習するための入門書。畜産学初学者から実務者まで〔内容〕飼料(粗飼料・草地・濃厚飼料・特殊飼料)／栄養(ウシ・ブタ・ニワトリ)／管理・行動／育種／繁殖／生産物(肉・皮・乳・毛)／衛生・疾病・環境

動物の行動と管理学会編

改訂版 動 物 行 動 図 説
―産業動物・伴侶動物・展示動物・実験動物―

45032-3 C3061　　　　B 5 判 192頁 本体3900円

家畜・伴侶動物・実験動物・展示動物など，様々な動物の行動を動機・状況などに沿って分類し，600枚以上の写真と解説文で紹介した行動目録の改訂版。〔内容〕ウシ／ウマ／ブタ／ヤギ・ヒツジ／ニワトリ／イヌ／ネコ／チンパンジー／他

動物遺伝育種学事典編集委員会編

動物遺伝育種学事典 （普及版）

45025-5 C3561　　　　A 5 判 648頁 本体18000円

遺伝現象をDNAレベルで捉えるゲノム解析などの技術の進展にともない，互いに連携して研究を進めなければならなくなった，動物遺伝学，育種学諸分野の総合的な五十音配列の用語辞典。主要語にはページをさき関連用語を含め体系的に解説。共通性の高い用語は「共通用語」として別に扱った。分子から統計遺伝学までの学術専門用語と，家畜，家禽，魚類に関わる育種用語を，併せてわかりやすく説明。初学者から異なる分野の専門家，育種の実務家等にとっても使いやすい内容。

前東大 高橋英司編

小動物ハンドブック （普及版）
―イヌとネコの医療必携―

46030-8 C3061　　　　A 5 判 352頁 本体5800円

獣医学を学ぶ学生にとって必要な，小動物の基礎から臨床までの重要事項をコンパクトにまとめたハンドブック。獣医師国家試験ガイドラインに完全準拠の内容構成で，要点整理にも最適。〔内容〕動物福祉と獣医倫理／特性と飼育・管理／感染症／器官系の構造・機能と疾患(呼吸器系／循環器系／消化器系／泌尿器系／生殖器系／運動器系／神経系／感覚器／血液・造血器系／内分泌・代謝系／皮膚・乳腺／生殖障害と新生子の疾患／先天異常と遺伝性疾患)

岩手大 村上賢二・帝京科学大 彦野弘一編

家畜伝染病ハンドブック

46038-4 C3561　　　　A 5 判 304頁 本体6500円

家畜伝染病予防法で指定された26の法定伝染病，71の届出伝染病について，その病態，原因，予防法から発見・発生の歴史，過去の大発生事件やエピソードまでを詳細に解説。「病気の全体像」がつかめる，家畜防疫関係者必読の一冊。〔内容〕牛疫／狂犬病／リフトバレー熱／炭疽／馬伝染性貧血／豚コレラ／高病原性鳥インフルエンザ／牛白血病／破傷風／サルモネラ症／トリパノソーマ病／馬インフルエンザ／馬痘／野兎病／マエディ・ビスナ／豚丹毒／ロイコチトゾーン病／ノゼマ病他

上記価格（税別）は 2024 年 7 月現在